Modellkompass
Ford Mustang

Matthias Gerst

Motor
buch
Verlag

Einbandgestaltung: Luis dos Santos

Bildnachweis: Die zur Illustration dieses Buches verwendeten Aufnahmen stammen – wenn nicht anderes vermerkt ist – aus dem Archiv der Ford Motor Company

ISBN 978-3-613-03997-1

1. Auflage 2017
Bei dieser Auflage handelt es sich um eine überarbeitete Fassung des 2014 erstmals erschienenen gleichnamigen Titels.

Sie finden uns im Internet unter www.motorbuch.de

Lektorat: Joachim Kuch
Innengestaltung: pagina GmbH Tübingen, und Sven Rauert
Druck und Bindung: Graspo CZ, 76302 Zlin
Printed in Czech Republic.

Inhaltsverzeichnis

Kapitel 1

6 Henry Ford: Revolution und Massenproduktion

7 Mit dem T-Modell zur Nummer Eins
8 Vom T zum A
10 Top und Flop: Vom Edsel zum Mustang
11 Gestärkt aus allen Krisen

Kapitel 2:

13 Ein halbes Jahrhundert Welterfolg: Die Mustangs im Überblick

13 Generation I
16 Generation II
19 Generation III
20 Generation IV
22 Generation V
24 Generation VI

Kapitel 3

26 Die Mustang-Generationen Jahr für Jahr

26 Generation I

26 Modelljahr 1965 »early«
28 Modelljahr 1965 »late«
30 Modelljahr 1966
32 Modelljahr 1967
34 Modelljahr 1968
36 Modelljahr 1969
38 Modelljahr 1970
40 Modelljahr 1971
42 Modelljahr 1972
44 Modelljahr 1973

46 Generation II

46 Modelljahr 1974
49 Modelljahr 1975
50 Modelljahr 1976
52 Modelljahr 1977
54 Modelljahr 1978

56 Generation III

56 Modelljahr 1979
58 Modelljahr 1980
60 Modelljahr 1981
61 Modelljahr 1982
62 Modelljahr 1983
64 Modelljahr 1984
66 Modelljahr 1985
68 Modelljahr 1986
69 Modelljahr 1987
70 Modelljahr 1988
71 Modelljahr 1989
72 Modelljahr 1990
73 Modelljahr 1991
74 Modelljahr 1992
76 Modelljahr 1993

78 Generation IV

78 Modelljahr 1994
80 Modelljahr 1995
81 Modelljahr 1996/1997
82 Modelljahr 1998

83 Modelljahr 1999/2000
84 Modelljahr 2001/2002
86 Modelljahr 2003
87 Modelljahr 2004

88 Generation V

88 Modelljahr 2005
90 Modelljahr 2006
92 Modelljahr 2007
94 Modelljahr 2008
96 Modelljahr 2009
97 Modelljahr 2010
98 Modelljahr 2011
100 Modelljahr 2012
102 Modelljahr 2013/2014

104 Generation VI

104 Modelljahr 2015
106 Modelljahr 2016/2017
113 Modelljahr 2018

Kapitel 4

116 Die Shelby-Mustangs
118 Modelljahr 1965
120 Modelljahr 1966
122 Modelljahr 1967
124 Modelljahr 1968
126 Modelljahr 1969/1970

Der erste Ford, der Model A, von 1903. Am Steuer William Clay Ford, links Edsel Ford II, daneben, in der Mitte, William Clay Ford Jr. Foto von 1995.

FORD MOTOR COMPA

Kapitel 1

Henry Ford: Revolution und Massenproduktion

Ford gehörte zu den Pionieren der Fließband-Fertigung.

Henry Ford ist der Erfinder des Automobils – zumindest in den Augen vieler US-Bürger auch heute noch. Auch wenn wir es besser wissen, wahr ist doch: Dieser Mann war im wahrsten Sinne einer der Pioniere der Motorisierung, der Wegbereiter der Massenproduktion und damit der heutigen Verkehrsdichte überhaupt.

Doch der Reihe nach...

Geboren im Jahre 1863 als Sohn eines aus Irland eingewanderten Farmerehepaars in Michigan, war der kleine Henry schon als Junge von technischen Dingen fasziniert. Er fand keine Ruhe, bis er eine Maschine so weit verstanden hatte, dass er sie auch beherrschen und zerlegen konnte. Deshalb begann er eine Mechaniker-Lehre bei einem Lokomobil-Hersteller. Nachdem er Kenntnis von europäischen Gasmotoren bekam, entwickelte er nach deren Vorlage eine erste eigene Maschine, die dann 1896 sein erstes, noch recht primitives Vehikel antrieb, mit geschätzten vier Pferdestärken. Die Probefahrten verliefen erfolgversprechend. Inzwischen war er, wohlgemerkt ohne jegliche Ausbildung oder gar Studium, als Ingenieur in der Edison-Elektrizitätsfabrik beschäftigt. Doch seine Chefs sahen die Experimente mit gasbetriebenen Vehikeln sehr kritisch, weshalb Henry seinen aussichtsreichen Job 1898 schon wieder an den Nagel hängte, um sich ganz dem Automobil zu widmen. Allerdings waren diese ersten Jahre von herben Rückschlägen gekennzeichnet. Seine nächste Stelle bei der »Detroit Motor Company« verließ er schon 1902 und baute dann seine eigene Firma auf. Dort entstand das erste Serienfahrzeug, welches den Namen Ford trug, das ursprüngliche Modell »A«. Dank qualitativ hochwertiger Zukaufteile – sowie einer stetig wachsenden Verkaufs- und Reparatur-Organisation – stellten sich erste Erfolge ein. Noch im selben Jahr entstanden dank seines Organisationstalents stattliche 1700 Fahrzeuge, was Fords Firma zu der Zeit zu einer der großen machte. Gebaut wurde natürlich immer noch in alter Handwerkstradition. Gleichzeitig baute Ford noch zwei Rennwagen, einer davon – die berühmte Nummer »999« – sorgte mit dem famosen Rennfahrer Barney Oldfield am Steuer für spektakuläre Erfolge.

Nebenbei: seine alte Firma, die »Detroit Motor«, firmierte um und bekam einen neuen Leiter. Der Mann hieß Henry Leland und war vielleicht ebenso genial wie der andere Henry. Der von Leland konstruierte Wagen erblickte 1903 als erster »Cadillac« das Licht der automobilen Welt.

Schon 1904 verdoppelte Ford den Ausstoß an Fahrzeugen auf 3400 Exemplare, er bot drei Modellreihen an. Zwei Jahre später präsentierte er den ersten Sechszylinder-Wagen, der allerdings war ein Misserfolg. Fürderhin konzentrierte sich Ford ausschließlich auf Autos mit Vierzylinder-Motoren.

Mit dem T-Modell zur Nummer Eins

Im Oktober 1908 gelang es Ford, sein Ziel der Motorisierung der Massen endlich zu verwirklichen. Er setzte auf eine Ein-Modell-Strategie in Form des komplett neuen Modell T, später »Tin Lizzie« (»Blechliesel«) genannt. Dieses hochbeinige Fahrzeug mit Zweigang-Planetengetriebe und Drosselmotor war gedacht für die Millionen Menschen in den weiten ländlichen Räumen der USA. Anfänglich wurde Fords T-Modell noch zu einem Preis von 850 Dollar angeboten.

Henry Ford 1921 mit dem T-Modell.

Im ersten vollen Produktionsjahr 1909 kletterte der Absatz bereits auf 12.000 Fahrzeuge, im Jahr darauf verließen bereits knapp 20.000 T die Werkstätten. Eine Tagesproduktion von 100 Fahrzeugen wurde schon im Juni 1909 erreicht.

Patentstreitigkeiten, neidvolle Teilhaber, gierige Aktionäre, gewinnlüsterne Banker, nichts schien Henry Ford stoppen zu können. Und auf Absatzkrisen reagierte er mit Preissenkungen, was ihm dank der Massenproduktion leicht fiel.

Inspiriert von den Schlachthöfen Chicagos, in denen jeder Mitarbeiter immer nur einen und denselben Handgriff zu tun hatten, organisierte Ford seine Fabrik ab 1913 völlig neu und führte das Fließband ein. Damit verbesserte sich die Produktivität enorm und das Modell T sank sukzessive im Preis. Die billigste Ausführung kostete 1913 schon 525 Dollar, der Jahresausstoß im Jahr 1914 betrug bereits mehr als 300.000 Fahrzeuge, der Profit lag bei sagenhaften 30 Millionen Dollar. Ab diesem Jahr gab es bis 1926 nur noch eine einzige Lackfarbe: Schwarz.

Im Jahre 1916 wurden in den USA erstmals mehr als eine Million Autos gebaut, und Ford reagierte auf diesen Boom mit einer erneuten Preissenkung. Gerade einmal 345 Dollar kostete das Einstiegsmodell »Runabout«.

In jenen Jahren machte sich Ford auch einen Namen als sozial denkender Unternehmer. Er führte weltweit als erster Industrieller einen Mindestlohn und den 8-Stunden-Tag ein, was ihm im Arbeitgeberlager viele Feinde machte.

1921 kaufte Henry Ford die erst ein Jahr alte Luxuswagenmarke »Lincoln« auf, welche kein Geringerer als Henry Leland aufgebaut hatte, allerdings zur falschen Zeit, denn die USA schlitterten in die erste Rezession nach dem Weltkrieg.

Krise hin oder her: Der Siegeszug des T-Modells setzte sich fort, und bereits 1924 konnte der zehnmillionste Ford verkauft werden, nach zwei Millionen alleine in diesem Jahr. Der Preis des Runabout sank auf nur noch 265 Dollar. Ford war unangefochten zur Nummer Eins der Autoindustrie weltweit geworden.

Doch Ford dachte nicht nur national, sondern global. Deshalb entstanden ab 1911 Montagewerke in verschiedenen Ländern. Kanada und das britische Königreich waren die ersten Länder, die davon profitierten. In Deutschland gelang die Einrichtung eines Montagewerks in Berlin im Jahr 1925, ab 1926 wurde das T-Modell aus angelieferten Teilesätzen produziert.

Vom T zum A

Das Jahr 1927 brachte die Wende. Ein geschlagenes halbes Jahr machte Ford seine Werke dicht, um die Produktion auf das neue Modell A umzustellen, was dazu führte, dass die bisherige Nummer Zwei – Chevrolet – erstmals an Ford vorbeiziehen konnte. Seither wechseln sich die beiden Marken an der Spitze der US-Zulassungsstatistik immer wieder ab. Das neue Modell wurde in allen Produktionsstätten weltweit, also auch Berlin, montiert. Doch in Köln wuchs dank der Initiative des damaligen Oberbürgermeisters Konrad Adenauer ein neues Werk heran, in dem ab 1931 das Modell A mit wesentlich mehr in Deutschland gefertigten Komponenten entstand.

Der nächste große Schritt bestand dann in der Produktionsaufnahme eines kleinen V8-Motors für das Modelljahr 1932, für den der Rahmen des A-Modells zahlreiche Verstärkungen erfuhr.

In den 30er-Jahren konnte auch Lincoln auf eine rentable Fertigung gebracht werden, und es entstanden zahlreiche V8- und sogar V12-Modelle. Die Lincoln-V12 namens »Zephyr« (1936–1948) stellten dann die letzten V12-Autos aus US-Fertigung dar.

Das Jahr 1939 brachte die Einführung eines Mittelklassemodells mit dem klangvollen Namen »Mercury«, denn die Lücke zwischen den Ford und Lincoln war einfach zu groß, und GM machte mit seiner Fünf-Marken-Politik vor, wie ein lückenloses, hierarchisch aufgebautes Fahrzeugangebot auszusehen hatte. Erst 1941 gab es, parallel zum V8-Ford, wieder einen Sechszylinder, der nahezu die gleiche Motorleistung aufwies, aber nur unwesentlich preiswerter war.

Der zweite Weltkrieg zwang auch dieses Mal die US-Autobauer zum Produktionsstop. Von Februar 1942 bis August 1945 durfte kein Privatbürger ein neues Fahrzeug erwerben. Die wenigen Pkw, die Detroit noch ausspuckte, waren den Offizieren von Army, Navy und Air Force vorbehalten.

Henry Ford, der längst schon das Rentenalter erreicht hatte, aber nicht wahrhaben wollte, dass er seinen Zenit überschritten hatte, konnte nicht loslassen. Es war ein langer Kampf, bis

Der Ford Mustang Fastback debütierte am 17. April 1964 bei der New York World's Fair.

er endlich aufgab und sein Enkel Henry Ford II (1917–1987) sich mit nur 28 Jahren 1945 an die Spitze des Konzerns stellen konnte. Der Vater von Henry II, Edsel Ford, war schon 1943 einem Krebsleiden erlegen. 1947 starb Henry I dann im Alter von fast 84 Jahren.

Stetige Modellpflege hielt die Ford-Modelle auf Augenhöhe des Publikumsgeschmacks. Doch spätestens 1947 war klar, dass ein völlig neues Design benötigt wurde. Nach Kaiser-Frazer brachte Ford im Frühsommer 1948 die 49er-Modelle mit reiner Ponton-Karosserie auf den Markt, und Lincoln stellte von V12- auf V8-Motoren um.

Kostete der billigste Ford im Jahr 1941 noch 775 Dollar, waren für dasselbe Modell im Jahr 1948 schon 1230 Dollar fällig.

1949 gab es in Deutschland wieder den Ford V8, den sich aber nur wenige auch tatsächlich leisten konnten. Preis, Verbrauch und Unterhalt waren praktisch unerschwinglich.

Auch technisch tat sich nach dem Kriege eine Menge, so hatte sich Ford von der bis 1939 verbauten vorderen Starrachse verabschiedet (in Deutschland blieb man ihr aber bis 1951 treu). Auch die mechanischen Bremsen gehörten seit 1940 zum alten Eisen, die Abkehr von der veralteten Flathead-Technik begann 1952 beim Sechszylinder und 1954 beim V8 mit neuen OHV-Zylinderköpfen.

Mit dem Modelljahr 1952 kam neben dem neuen Reihensechser ein neues, frisches Styling, das Ford allen Modellreihen und allen Tochterunternehmen weltweit verordnete. Erste Ansätze von Heckflossen, aufwendige seitliche Chromleisten und eine weiter verbesserte Rundumsicht waren die Merkmale des neuen Stils.

Auch beim PS-Rennen der 50er-Jahre fuhr Ford vorne mit. V8-Motoren mit Leistungen weit über 200 SAE-PS waren nun normal.

Für 1954 brachte Ford als Konkurrenz zur neuen Corvette von Chevrolet sein zweisitziges Sportmodell »Thunderbird« auf den Markt, welches sofort mit großer Begeisterung vom Publikum aufgenommen wurde. Leider verwässerte man bei Ford ab Herbst 1957 dieses erfolgreiche Konzept wieder und schuf in der zweiten Generation einen eher schwülstigen Viersitzer mit riesigem Kühlermaul. Damit überließ man Chevrolet die Aufgabe, den einzigen richtigen Sportwagen Amerikas zu bauen.

Top und Flop: Vom Edsel zum Mustang

Um Edsel Ford ein automobiles Denkmal zu setzen, brachte Henry II eine neue Marke auf den Markt: »Edsel« sollte neben »Ford«, »Mercury« und »Lincoln« zur vierten Marke im Konzern werden. Für das Modelljahr 1958 in der oberen Mittelklasse angesiedelt, sollte damit Marken von GM und Chrysler Konkurrenz gemacht werden. Das Styling indes war nicht marktfähig, weshalb, auch wegen der wirtschaftlichen Lage, die geplanten Produktionszahlen bei weitem nicht erreicht wurden, und selbst das Erreichte konnte nicht gehalten werden. Hektische Modellwechsel halfen auch nicht gerade, und 1960 wurde nach nur zwei Jahren die komplette Modellfamilie ersatzlos gestrichen. Das war der bis dahin größte Flop in der Automobilgeschichte.

»Die Linie der Vernunft« führte Ford mit geglättetem Styling für 1960 ein, vorbei waren die

Zeiten ausufernder Heckflossen: Ford verordnete seinen Kunden ein klares, glattflächiges Design. Gleichzeitig wurde unterhalb der bisherigen Baureihen ein neues »Compact«-Modell vorgestellt, das den zunehmenden Importen aus Europa Paroli bieten sollte. Dieser Falcon war zwar lediglich ein geschrumpfter Straßenkreuzer, wurde aber von 1960 bis 1969 gebaut und legte die Grundlage für die erste Mustang-Generation. 1962 folgte das »Intermediate«-Modell Fairlane, welches erstmals auf einem kürzeren Radstand montiert wurde.

Das Modell, das in diesem Buch die Hauptrolle spielt, kam im April 1964 in die Showrooms der amerikanischen Ford-Dealer. Mit diesem Wagen schuf Ford eine komplett neue Fahrzeug-Kategorie, die der sogenannten »Pony-Cars«. Berichten zufolge haben Hunderttausende am ersten Präsentationstag die Ausstellungsräume der Händler gestürmt. Jeder wollte das bahnbrechend designte neue Modell sehen und auch gleich bestellen. Ein regelrechter Hype brach aus, das schlug sich natürlich auch in den Verkaufszahlen nieder.

Für 1967 führte Ford erstmals eine viertürige Version des Thunderbird mit dem Zusatz »Landau« ein. Ab 1969 gab es eine weitere Modell-Familie namens »Torino«, hervorgegangen aus der Fairlane-Reihe. 1969 erschien auch der Nachfolger des Falcon in Gestalt des »Maverick« (dieser Name ziert heute einen kompakten SUV), 1971 kam der nochmals kleinere Pinto als Subcompact. Im selben Jahr musste die gesamte US-Autoindustrie auf Motoren umstellen, die unverbleiten Kraftstoff vertrugen.

Nach den beiden Energiekrisen 1973 und 1978 war nichts mehr wie vorher, die Autos wurden ständig kleiner, die Motoren schwächer, und nachdem ab 1972 schon die Leistung nicht mehr in Brutto-, sondern in Netto-PS angegeben werden mussten, mutierte mancher SAE-Tiger zum DIN-Kätzchen: Bei der Umrechnung blieben rechnerisch bis zu 40 Prozent Leistung auf der Strecke.

So kam schon 1974 ein deutlich verkleinerter Mustang zu den Kunden, der die traditionellen Eigenschaften ein wenig vermissen ließ. Sein Äußeres entsprach auch eher den normalen Limousinen und Coupés. Schon 1979 folgte Generation III. Doch auch alle anderen Modellreihen mußten kräftig Federn lassen, und am Ende der Dekade gab es praktisch keine sogenannten »Standard Size Cars« mehr in Detroit.

Abgasvorschriften und strenge Sicherheitsvorgaben machten nicht nur Ford zu schaffen, sondern der gesamten Industrie. Zu allem Unglück kam dann noch die ab Modelljahr 1978 einsetzende Überwachung des Flottenverbrauchs durch die EPA (US-Umweltschutzbehörde) hinzu, die binnen weniger Jahre den Verbrauch der Fahrzeugflotte eines Herstellers um mehr als 40 Prozent senkten; ein deutliches Zeichen an die OPEC.

Gestärkt aus allen Krisen

1980 stand der US-Dollar bei unglaublich niedrigen 1,77 Mark, einem Stand, den es noch nie gegeben hatte. Für deutsche Individualisten lohnte sich der Import von US-Autos.

Die Mustang der dritten Generation, gleich welcher Motorisierung, legten einen relativ moderaten Verbrauch an den Tag, was erklärt, warum sie auch in Übersee immer beliebter wurden. In den 80er-Jahren war man außerdem intensiv mit der Umsetzung neuer Sicherheitsvorschriften und dem Halten von Marktanteilen beschäftigt, der seit 1979 nahezu unverändert gebaute Mustang trabte der Konkurrenz mit großem Abstand hinterher: Das »Pony Car« mutierte zum Nischenprodukt. Zeitweilig existierten sogar Überlegungen, den Mustang, wenn schon nicht ganz ein-, so doch wenigstens auf zeitgemäßen Frontantrieb umzustellen. Die vierte Mustang-Generation war ein typisches Kind der 90er, die Formensprache war eher beliebig und hätte durchaus auch von einem japanischen Hersteller stammen können. Und da man die Japaner sowieso nicht loswerden konnte, beschloss Ford, die schon seit den 70ern währende Zusammenarbeit mit Mazda auszubauen: Mazda entwickelte Modellreihen und Produktionslinien für Ford, und die fünfte Mustang-Generation wurde im ehemaligen Mazda-Gemeinschaftswerk Flat Rock gebaut.

Ford machte sich dann daran, auch in der alten Welt Know-How und Prestige in Gestalt angestammter Marken zuzukaufen. Die PAG (Premier Automotive Group) war ebenfalls ein Kind der 90er. Ihr gehörten Volvo, Aston-Martin und Jaguar an. Autos wie Mondeo und Focus wurden als Weltautos global vermarktet, ohne dass sich etwas an der großen Krise auf dem US-Markt zum Ende des Jahrhunderts änderte: Die Pick-up-Produktionszahlen übertrafen zeitweise die der Pkw-Modelle, die gigantische F-Serie war das meistverkaufte Ford-Modell in den USA.

2003 wurde die Firma Ford 100 Jahre alt, und ein Jahr später wurde das 300-millionste Fahrzeug seit Aufnahme der Serienfertigung im Jahre 1903 gefeiert. Grund zum Feiern gab es allerdings zum neuen Jahrtausend nicht viel, es waren schlechte Zeiten für Autobauer, aber gute für Mustang-Fans: Der Mustang V, seit August 2004 nicht mehr im Werk am Rouge River, sondern in Flat Rock gebaut, war wieder ein unverwechselbarer Charakter. Doch auch diese Ikone litt schwer unter der Finanzkrise, das Jahr 2009 war das schlechteste in der Mustang- (und Ford-)Geschichte: Zum ersten und einzigen Mal seit 1901 fiel die deutsche Pkw-Produktion höher als die in den USA aus (ohne Pick-ups). Die Mustang-Verkaufszahlen sanken 2009 und 2010 auf unter 50.000 Exemplare. Ford verkaufte die PAG und umschiffte, anders als GM, erfolgreich die drohende Zahlungsunfähigkeit. Und die Mustang-Zahlen erholten sich, im April 2013 lief der einmillionste Mustang V vom Band und der fünfmillionste überhaupt.

Der Mustang blieb in all den Jahren allerdings das, war er von Anfang an gewesen war: eine Ikone der amerikanischen Automobilindustrie. Und dass Ford den Mustang – jetzt die sechste Generation – 2015 erstmals auch offiziell über sein europäisches Händlernetz anbieten wird, ist der beste Beweis dafür, dass der Mythos lebt.

Kapitel 2:

Ein halbes Jahrhundert Welterfolg: Die Mustangs im Überblick

Generation I

Der erste Mustang kam im April 1964 in die Showrooms der amerikanischen Ford-Händler. Mit diesem Wagen, wiewohl technisch konventionell aufgebaut, schuf Ford eine komplett neue Fahrzeug-Klasse, die der »Pony-Cars«, wobei diese Bezeichnung wiederum vom galoppierenden Pferd im Mustang-Emblem inspiriert wurde.

Der Mustang war auf Anhieb ein gewaltiger Erfolg, hinter dem Lee Iacocca (Jahrgang 1924) stand. Dieser war seit 1946 bei Ford und seit 1960 Generaldirektor unter Henry Ford II, seine Vision war ein schicker Wagen für die Babyboomer-Generation. Außerdem sah er, dass die Importe aus Europa stetig zulegten und auch, dass die Japaner mit ihren kleinen, aber clever gemachten Fahrzeugen die Ostküsten-Klientel begeisterten: In den Großstädten brauchte niemand zwei Tonnen Blech und elf Quadratmeter Fläche, um schnell von A nach B zu gelangen. Zudem hatten die kleineren europäischen Autos

1962 Mustang I Concept Car.

meist eine wesentlich bessere Straßenlage und oft auch eine bessere Verarbeitung als die Riesenschiffe, die aus Detroits Autofabriken die USA überfluteten. Iacocca verstand, dass sich viele Amerikaner ein ganz anderes Auto wünschten, zwar eines, das mit seiner zuverlässigen Großserientechnik von jedem Mechaniker gewartet und repariert werden konnte, jedoch auch einen gewissen Fahrspaß versprach. Zahlreiche Modelle aus dem Ausland, die solches boten, gaben ihm recht. Also musste ein amerikanisches Pendant her, und zwar von Ford. Henry II gab Iacocca freie Hand, und was die Designstudios aus Lees Vorgaben machten, sorgte für Furore. Auf Basis des Mittelklasse-Modells Falcon (Debüt Modelljahr 1960), dessen Antriebsstrang und Fahrwerk er erbte, schufen die Stylisten eine außergewöhnlich sportlich wirkende Karosserie mit sportwagentypischer langer Haube – unter die sogar ein V8 passte – und kurzem hinterem Überhang. Gekonnt hatte man alle Register der

Angedacht, aber nicht verwirklicht: Mustang-Viertürer, Juli 1963.

damaligen Mode gezogen, ohne ein modisches Auto auf die Räder zu stellen. Mit einfachen Mitteln schuf man Alleinstellungsmerkmale wie die Dreifach-Rückleuchten oder die Kiemen bei der Fastback-Variante. Dazu kamen weitere Features, die damals bei sportlichen Wagen einfach dazugehörten, denn von Anfang an war der Mustang auch mit vorderen Scheibenbremsen zu haben. Auch wenn die Corvette von Chevrolet kurz darauf nachzog: Fords Mustang verhalf dieser wichtigen Neuerung in den USA zum Durchbruch.

Außerdem war die Aufpreis-Liste unglaublich lang geraten, so dass wirklich jeder seinen individuellen Mustang konfigurieren konnte – was dann auch die scharf kalkulierten Preise für das Basismodell relativierte.

Ursprünglich sollte sogar eine ganze Mustang-Modellfamilie entstehen, doch ein Viertürer oder ein Kombi (beide existierten als Prototypen) hätten dem sportlich-jugendlichen Image geschadet, weshalb eine Serienfertigung unterblieb. In Deutschland musste der in kleinsten Stückzahlen importierte Mustang sich mit der Modellbezeichnung »T5« begnügen, da die Kornwestheimer Zweiradfirma Kreidler ebenfalls ein Modell mit diesem Namen im Programm hatte und die Namensnennung untersagte.

Alle frühen 65er-Mustangs (gebaut von März bis August 1964) werden oft auch unrichtigerweise als 64½-Modell bezeichnet (denn alle haben an erster Stelle der Fahrgestellnummer die »5« für 1965). So werden die beiden im Modelljahr 1965 gebauten Serien einfach als »early« (früh) und »late« (spät) bezeichnet.

Die Mustangs der ersten Generation kann

Die Front erinnert noch an das Concept Car: Mustang-Prototyp vom April 1963.

man unterteilen in die Modelljahre 1965 und 1966 (Generation Ia), 1967 und 1968 (Ib), 1969 und 1970 (Ic) sowie 1971 bis 1973 (Id).

An Motoren kamen 6-Zylinder-Reihenmotoren mit Hubräumen von 2,8 Liter bis 4,1 Liter sowie V8-Motoren mit 4,3 Liter bis 7 Liter zum Einsatz.

Während ihrer neunjährigen Laufzeit legte die erste Generation in der Länge um 20 und in der Breite um 15 Zentimeter zu, und das Leergewicht der jeweils leichtesten Variante stieg um 350 Kilogramm. Verständlich, dass bei steigenden Gewichten die ständig abnehmende Motorleistung schlechtere Fahrleistungen nach sich zog. Zum Modelljahr 1971 mussten nämlich alle Serienfahrzeuge auf den Konsum von unverbleitem Kraftstoff umgestellt werden, und ein Jahr später stellte die komplette US-Industrie von Brutto- auf Netto-Leistungsangaben um. Das reduzierte die PS-Angaben, zumindest auf dem Papier, teilweise erheblich. Die steigenden Versicherungsprämien sowie die kommenden Abgasbestimmungen wurden zu Totengräbern der Muscle Cars. Und da Ford im Sommer 1970 alle Rennaktivitäten einstellte, fielen zu Beginn des neuen Jahrzehnts auch die leistungsstärksten Motoren aus dem Programm.

Immerhin: Mit dem Stylisten Larry Shinoda kam 1968 ein Mann in das Mustang-Team, der schlimmste Design-Auswüchse zu verhindern wusste und dafür sorgte, dass das Marketing mit seinen Begehrlichkeiten nicht das Mustang-Konzept vollends verwässerte. Andererseits war er derjenige, der die Heckscheibenlamellen und die teilweise wilde Verspoilerung verantwortete. Im ersten – verlängerten – Modelljahr fanden sagenhafte 680.000 Mustangs Käufer. Diese Zahl sank nahezu kontinuierlich auf knapp 135.000 Stück im letzten Modelljahr 1973 ab.

Generation II

1970 Mustang II Stylingstudie.

Mustang-Vater Iacocca waren die stetige Gewichtszunahme und die wachsenden Dimensionen seines »Babys« über die Modelljahre ein Dorn im Auge. Er wusste auch, dass die kommenden Sicherheits- und Abgasvorschriften sowie die sich abzeichnenden Verbrauchsnormen eine kompaktere Bauweise erforderlich machen würden. So gab er 1969 den Startschuss für einen völlig neuen Mustang, der im August 1973 als Mustang II für das Modelljahr 1974 vorgestellt wurde. Als hätte er es geahnt: Kurz zuvor traf das Ölembargo der OPEC-Staaten den Westen, und das neue Modell passte damit exakt in einen Markt, dessen Rahmenbedingungen sich völlig verändert hatten.

Plötzlich war die bisherige Maxime »Bigger is better« völlig überholt, und kleine, verbrauchsreduzierte Fahrzeuge wurden den Händlern wie die sprichwörtlichen warmen Semmeln aus der Hand gerissen. Bei Ford konnte man im Vergleich zum Modelljahr 1973 deshalb trotz der Krise die dreifache Anzahl an Mustangs verkaufen. Allerdings hatte man die vorgesehenen V8-Motoren tunlichst aus der Optionsliste genommen, denn solche waren im Jahre 1974 nahezu unverkäuflich geworden. Zum ersten Mal seit September 1945 mussten die verwöhnten Amerikaner mit Kanistern an den fast trockenen Zapfsäulen Schlange stehen und den Sprit literweise ausfassen. Deutschland bescherte diese Entwicklung eine Reihe von autofreien Sonntagen.

Diese zweite Mustang-Generation brachte es nur auf fünf Modelljahre. Ein Cabrio suchte man in der Modellreihe nun vergebens, denn die großen Versicherungskonzerne stuften diese in den 70er-Jahren als extrem gefährlich ein und erhöh-

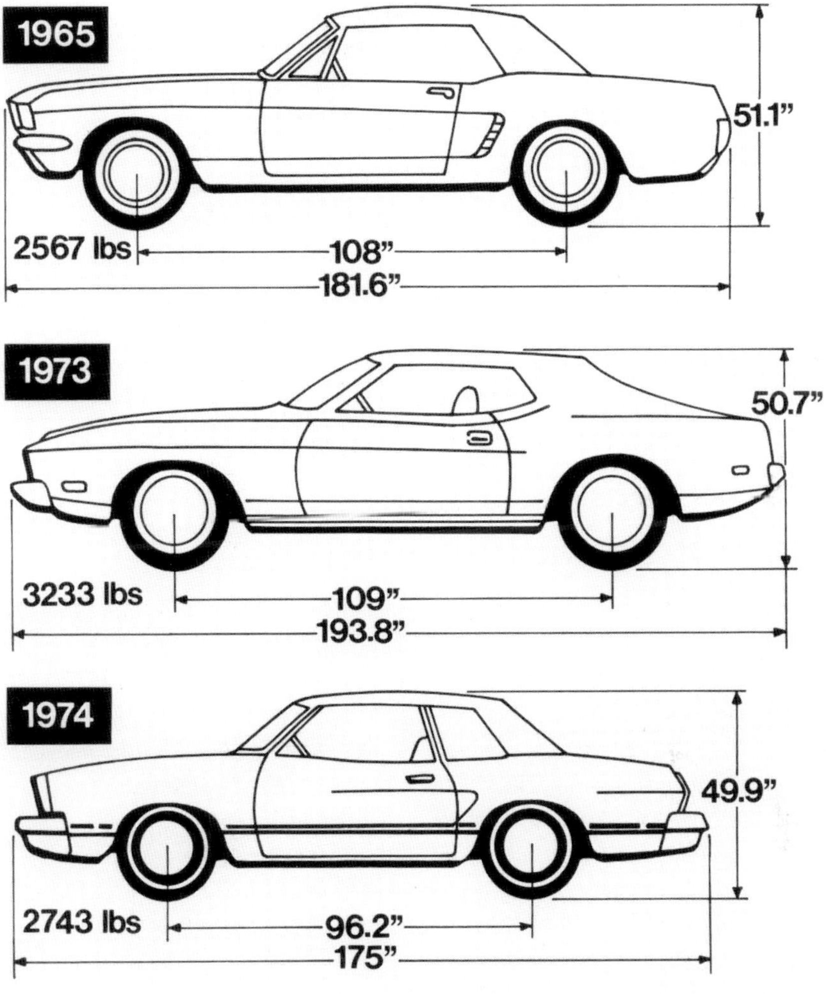

1974 MUSTANG II DIMENSIONS
RELEASE TUESDAY P.M.'S, AUGUST 28, 1973

Mustang II for 1974 has undergone its biggest change in history. Its overall length was reduced almost 19 inches from last year and nearly seven inches compared with the original 1965 model. Mustang II is 490 pounds lighter than the 1973 Mustang. It is 176 pounds heavier than the original Mustang.

FROM: FORD DIVISION PUBLIC RELATIONS, P.O. BOX 1509, DEARBORN, MICH. 48121

ten radikal die Prämien für offene Pkw: Nach 1976 gab es kein Großserien-Cabriolet mehr aus US-Produktion. Trotz der stark reduzierten Außenmaße war der Mustang gegenüber dem Vorjahresmodell wesentlich teurer geworden. Überhaupt waren die 70er-Jahre eine teuere Zeit. Hohe Kreditzinsen und ständige hohe Lohnforderungen seitens der Gewerkschaften trieben die Neupreise steil nach oben.

Auf dem Gebiet der Abgasreinigung wurden nahezu an jedes Modelljahr verschärfte Anforderungen gestellt. Kalifornien stach dabei besonders hervor. Aufgrund der Kessellage von Los Angeles und Umgebung mussten die Fahrzeuge dort bis weit in die 90er-Jahre hinein zusätzliche abgasreinigende Maßnahmen über sich ergehen lassen, weshalb Autos mit kalifornischer Registrierung oft geringere Motorleistungen aufwiesen. In Sachen Kohlenmonoxid hatten die kalifornischen Gesetzgeber allerdings geschlafen, die Grenzwerte lagen fast drei Mal höher als in den übrigen 49 Staaten. Die oft kolportierte Meinung, dass Kalifornien strengere Abgasnormen hat, stimmt also nicht ganz.

Am 13. Juli 1978 entließ Henry Ford II den obersten Mustang-Reiter Lee A. Iacocca mit den Worten »Ich mag Sie einfach nicht«, woraufhin dieser am 2. November desselben Jahres Chrysler-Chef wurde und dort neue, kompakte Modelle mit Frontantrieb initiierte, was das Unternehmen vor dem sicheren Untergang rettete. Einen neuen Mustang ließ er dort aber nicht mehr bauen.

1974 Mustang Concept Car »Sportiva II«, gezeigt noch vor Präsentation des Serienmodells.

Generation III

Die ersten Überlegungen für die dritte Mustang-Generation entstanden 1973, wobei auf günstigen Luftwiderstand – die Front stand nicht länger gegen den Wind, sondern war nach hinten geneigt worden – ebenso Wert gelegt werden sollte wie auf effiziente Motoren. Verantwortlich für das Design war Jack Telnack, der seit 1974 der zweite Mann im Design von Ford of Europe gewesen war und viel Erfahrung aus Europa mitbrachte. Im Laufe der Entwicklung flossen natürlich zahlreiche weitere Überlegungen mit ein. Die ab Modelljahr 1978 geltenden Verbrauchsvorschriften erzwangen eine Reduzierung des durchschnittlichen Verbrauchs aller Modellreihen eines Herstellers von anfänglichen 13,1 Litern/100 km auf nur noch 8,6 Liter/100 km bis 1985. Dem musste natürlich auch Ford bei seinem Mustang Rechnung tragen.

Sein Debüt gab der Neue bereits im Juli 1978, die ersten Exemplare wurden ab September desselben Jahres dann an die Kunden ausgeliefert. Es gab zunächst wiederum zwei Karosserievarianten, das Hardtop mit Stufenheck und das Fastback-Coupé.

Erstmals wurde ein Mustang von Grund auf neu konzipiert, diese »Fox«-Plattform nutzten später auch andere Fahrzeugreihen (Fairmont, Zephyr, Thunderbird und Mercury Cougar).

Dieser Mustang blieb insgesamt 15 Modelljahre lang in Produktion, kein Mustang war länger gebaut worden. Auch in Europa war die Nummer Drei durchaus beliebt. Dank des teilweise extrem niedrigen Dollarkurses konnten beispielsweise freie Händler 1980 Basis-Mustangs mit 2,3 Litern Hubraum schon ab 12.500 Mark anbieten.

1976 Stylingstudien und Karosserievarianten auf dem Weg zum Mustang III.

Die V6-Modelle kosteten ab 13.640 Mark, und die V8-Modelle gab's für wohlfeile 14.300 Mark. Wechselkursbedingt kletterten die Preise aber ab 1981 wieder auf über 20.000 Mark.

Schon in der zweiten Hälfte der 70er-Jahre verlangten die US-Vorschriften, dass der Tachometer nur noch bis 85 Meilen gehen durfte, um die Kunden am Überschreiten des Geschwindigkeitslimits (welches in den meisten Bundesstaaten bei 55 Meilen pro Stunde lag) zu hindern. Diese Limitierung wurde erst mit dem Modelljahr 1989 wieder aufgehoben. Für 1983 durften erstmals Halogen-Scheinwerfer verwendet werden, womit die seit 1938 in der gesamten US-Autoindustrie verbauten »Sealed-Beam«-Scheinwerfer der Vergangenheit angehörten. 1983 fiel diese US-Bauvorschrift ganz, es gab aber noch einige Zwitter-Jahrgänge, also Sealed-Beam-Scheinwerfer mit Halogenlampen.

Technisch vollzog sich innerhalb dieser Zeit der Schritt hin zur Aufladung. Dieser Schritt war allerdings nicht frei von Tücken, die erste Generation von Turbo-Motoren bewährte sich nicht, der anfällige Turbo wurde nach nur zwei Modelljahren wieder aus dem Programm genommen. Zwei weitere Jahre später, jetzt mit Ladeluftkühlung, erschien er wieder aus der Versenkung und schaufelte anständige 200 PS an die Antriebsachse.

Motorleistung war das beherrschende Thema in der Geschichte dieser Mustang-Generation, 1983 wurde in allen US-Bundesstaaten ein geregelter Katalysator Pflicht, in Kanada zum Modelljahr 1988. Gerade in der ersten Hälfte der 80er-Jahre galten die Ponys eher als lahme Gäule. Ford versuchte 1981 mit Gründung der »Special Vehicle Operations«, einer Werks-Tuning-Abteilung, den Mustang-Motoren (und nicht nur diesen) wieder auf die Sprünge zu helfen. Ferner bot Ford bald auch Karosserie-Kits für sportliches Aussehen an.

Am Ende der Laufbahn erstarkte der Mustang wieder zusehends. Selbst der 2,3-Liter-Basismotor kam mit Einführung von Einspritzung und Doppelzündung auf ein Leistungsplus von 20 Prozent, und die V8-Maschine erstarkte von mickrigen 115 PS auf bis zu 235 PS. Bis zuletzt setzte Ford jedoch auf die Kombination mit vorderen Scheibenbremsen und hinteren Trommelbremsen, auch in der stärksten Ausführung. Die Blattfedern der frühen Jahre waren zwar passé, doch eine Starrachse hatten die Mustangs immer noch.

Als die dritte Generation dann in Rente ging, verabschiedete sich mit ihr das ausgereifteste Auto der gesamten US-Industrie.

Generation IV

Schon im Jahre 1989 entstanden erste Skizzen eines Nachfolgers des Mustang III. Großes The-

1989 Studie für den Mustang IV; der Entwurf zeigt Ähnlichkeiten mit dem späteren Probe.

1999 Röntgenzeichnung des Ford SVT Mustang Cobra.

ma war die Frage nach dem künftigen Antriebskonzept, heiß debattiert wurde die Umstellung auf Frontantrieb. Doch eine Kampagne von Mustang-Fans und schließlich auch gesetzliche Vorgaben bezüglich der Fahrzeugsicherheit bewogen die Entscheider letztlich, das bisherige Konzept des Standardantriebs beizubehalten. Positiver Nebeneffekt dieser Entscheidung: Die Investitionskosten für den nächsten Mustang konnten – und sollten – denkbar gering gehalten werden. Alle Beteiligten an der Entwicklung des neuen Modells arbeiteten im selben Gebäude, ein Novum bei Ford. Die Wege waren kürzer, und die Zusammenarbeit unter den verschiedensten Gewerken verbesserte sich. So entstand ein hoch effizientes Mustang-Team, das den Neuen in Rekordzeit zur Serienreife brachte.

Am 9. Oktober 1993 präsentierte dann Fords General Manager Ross Roberts im Rahmen der »State Fair« in Texas das neue Modell, das bis auf die Rückleuchten sofort den Beifall der Fans fand.

Technisch waren die Fortschritte eher gering, zumal der Vorgänger die technische Basis stiftete. Die bisherige Plattform wurde indes einige Male geändert, verlängert, und vor allem massiv

1991 stand die Form des Mustang IV weitgehend fest.

verstärkt, was die Verwindungssteifigkeit der Coupé-Karosserie um mehr als 40 Prozent erhöhte, beim Cabrio sogar um fast das Doppelte.

Und auch die Sache mit der antiquierten hinteren Starrachse erledigte sich im Lauf der Bauzeit, zumindest bei den Top-Versionen: Die für das Modelljahr 1999 eingeführte Cobra-Version verfügte über eine Einzelradaufhängung, wie sie die Fans schon seit Jahren gefordert hatten. Im neuen Jahrtausend rüstete Ford sein sportliches Flaggschiff stetig auf, mit 395 PS spielte die stärkste Cobra-R zumindest in Sachen Leistung in der Porsche-Liga. Am 10. Mai 2004 fuhr der letzte Wagen diese vierten Mustang-Generation vom Band.

Generation V

Die fünfte Mustang-Generation wurde als Concept-Car mit Kompressor und 400 PS bereits im Januar 2003 präsentiert, die Serienausführung war dann als Modelljahr 2005 auf der North American International Auto Show zu sehen. Die Entwicklung erfolgte auf einer neuen Plattform, der letzten für Heckantrieb und Starrachse. Unter der Leitung von Chefingenieur Hau Thai-Tang, einem Renningenieur aus Fords IndyCar-Programm, und Designer Sid Ramnarace, waren hier Anklänge an die Fastback Mustang-Modelle der späten 1960er Jahre zu finden; bei Ford sprach man von »Retro-Futurismus«. Die Basismotorisierung bildete ein Grauguss-Vierliter-V6 mit 210 PS, während beim GT ein 4,6-Liter-Alu-V8 mit variabler Nockenwellensteuerung und 300 PS zum Einsatz kam. Das entsprach ungefähr der Leistung des legendären Mach I.

Erfolg weckt bekanntlich Neider, und so sollte der fünften Mustang-Generation erstmals ernsthafte Konkurrenz erwachsen: GM und Chrysler rüsteten zum Kampf. Chryslers neues altes Kind namens »Dodge Challenger« debütierte

2013 Ford Mustang Cobra Jet: Der Prototyp wurde bei der Barett-Jackson-Auktion versteigert.

2014 rollte der millionste Mustang V aus der Mustang-Fabrik in Flat Rock, Michigan.

im Februar 2008 als 2009er Modell in Chicago; Chevrolets neuer »Camaro« (Camaros gab es schon von 1967 bis 2002, sie glänzten von 2003 bis 2008 durch Abwesenheit) wurde, auch als Cabrio, im Frühling 2009 vorgestellt. Das Retro-Design beider Konkurrenten lag damit ganz auf der Linie des Mustang.

Das PS-Rennen ging indessen unvermindert weiter. Leistete der V6 zu Beginn noch 210 PS, erstarkte er in der zweiten Hälfte der Laufzeit um nahezu 50 Prozent auf 305 PS. Bei den V8-Motoren, denen man eine noch deutlichere Entwicklung angedeihen ließ, gab es einen Sprung von 300 auf 420 PS bei den Standardmotoren und bis zu 670 PS beim Shelby. Der ehemalige Hühnerzüchter nämlich hatte 2005 in Las Vegas eine neue Firma gegründet, um zusammen mit Ford zahlreiche Spezialmodelle auf Basis des Mustang zu entwickeln und auch zu bauen. Eine Flut von Sondermodellen und Spezialausführungen hielt den Mustang in den Schlagzeilen. Für den Autovermieter Hertz entstand zum Beispiel für 2006 der Shelby GT-H; dieses Auto ging 2007, nochmals erstarkt, dann in den US-Verkauf. Für 2008 und 2009 gab es einen GT-500KR (diese Modellbezeichnung hatte es auch 1968 schon gegeben) mit einem weiteren Leistungskick auf 540 PS. Und noch in 2008 schuf der alte Haudegen die Neuauflage des »Bullit-Mustang«, und der normale Shelby GT konnte sogar als Cabrio bestellt werden. Ein weiteres Sondermodell mit dem ungewöhnlichen Namen »Warrior in Pink« (Krieger in Rosa) ergänzte das Modellspektrum in den beiden Jahren.

Nur an handverlesene Kunden ging das Sondermodell des Jahres 2009, gewidmet Lee A. Iacocca, dem Mustang-Vater. Seit 1978 war Lee zwar nicht mehr bei Ford (und seit 1993 auch nicht mehr bei Chrysler, er war im Ruhestand und widmete sich seiner Diabetiker-Stiftung), doch seine Verdienste um den Wagen blieben unvergessen: Auf Basis eines 2009er-Mustang

GT entstand eine von Michael Leone designte »Special Edition« zum 45. Geburtstag der Baureihe. Er hieß »Iacocca«, und so erschien zum ersten und bislang letzten Mal der Name dieses genialen Automanagers auf einem Fahrzeug. Genau 45 Stück von diesem »2009 Mustang Iacocca Silver 45th Anniversary Edition« entstanden.

Generation VI

Die Entwicklung der neuen Mustang-Generation – interne Kennung S550 – begann im Jahr 2009 unter Chefingenieur Dave Pericak und Designchef Joel Piaskowski, kurz nachdem das umfassende Restyling der fünften Generation (S-197) über die Bühne gegangen war. Ursprünglich hatte ein Entwurf der deutschen Designstudios das Rennen gemacht, doch scheint es, als ob in letzter Minute die Ford-Führung sich anders entschied, was zu wesentlichen Änderungen in der zweiten Jahreshälfte 2012 führte. Letztlich rollten im Mai 2013 die ersten Prototypen, im Januar 2014 erfolgte dann die Pressevorstellung der sechsten Mustang-Generation in Detroit, während die Europa-Premiere – zum ersten Mal überhaupt – parallel dazu in Barcelona stattfand. Im Rahmen des Champions-League-Finales am 24. Mai 2014 zwischen Real Madrid und Atletico Madrid bot Ford die Möglichkeit, sich während der Spieldauer online für eines der ersten 500 Exemplare der Legende, die für Europa reserviert waren, vormerken zu lassen. Mit dieser Aktion verabschiedete sich Ford als langjähriger Sponsor dieses Wettbewerbs

2015 Ford Mustang VI als Teil der Need-for-Speed-Welt.

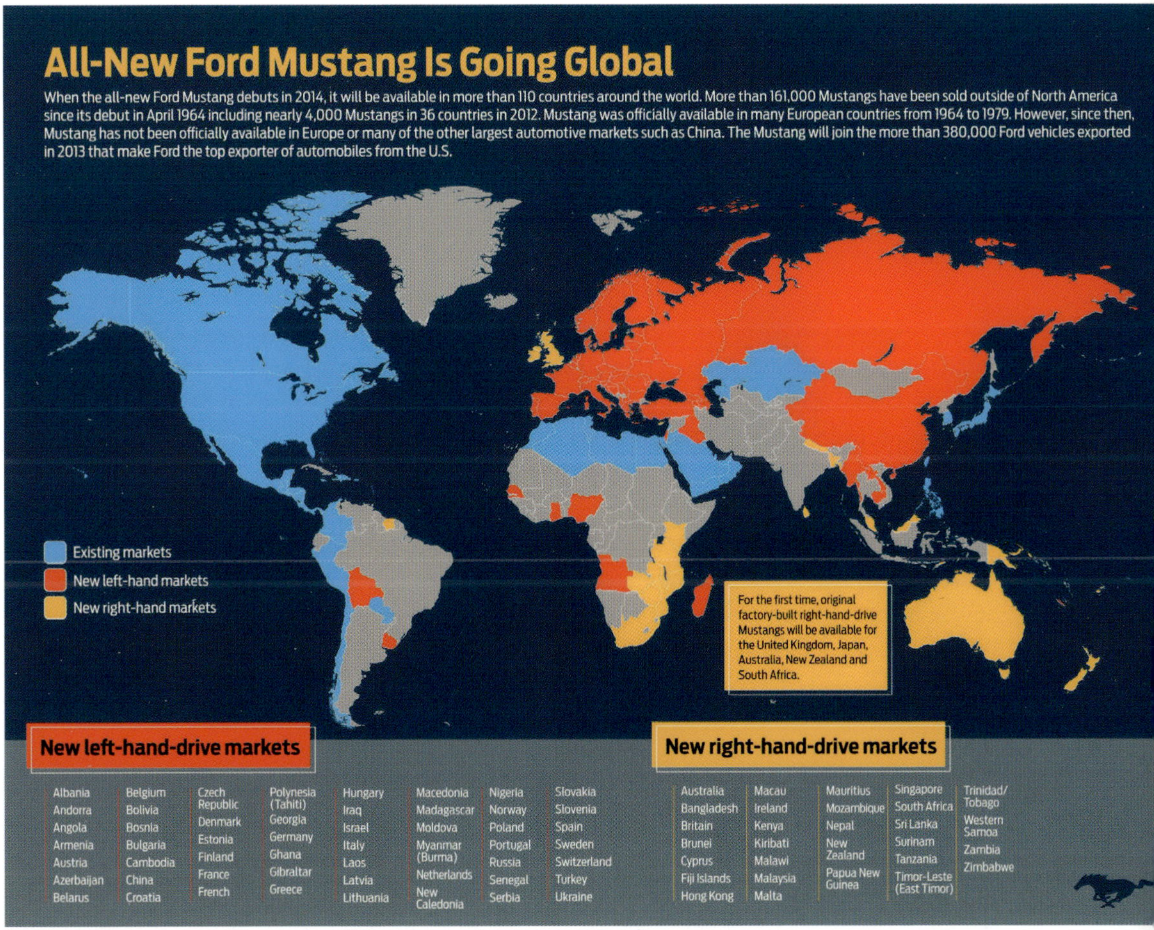

und sicherte dem Mustang zum Europa-Start maximale Aufmerksamkeit: Immerhin wurde das Finale in 21 Länder übertragen.

Ford nämlich wird den neuen Mustang ab 2015 auch offiziell europaweit anbieten, was den Einsatz zahlreicher aktueller Assistenzsysteme und eine komplett neue Multimedia-Kommunikationsplattform erfordert. Erstmals in der Mustang-Geschichte verzichtet Ford beim Mustang auf die starre Hinterachse und bringt neben den bekannten V6- und V8-Motoren einen Hochleistungsvierzylinder aus der EcoBoost-Familie mit 2,3 Litern Hubraum und unglaublichen 309 PS. Das ergibt eine Literleistung von sage und schreibe 134 PS. Zum Vergleich: Die Mercedes S-Klasse von AMG bringt es auf 106 PS, der Ferrari F12 auf 117 PS. Nur der Buggatti Veyron kann es mit 150 PS noch besser.

Kapitel 3

Die Mustang-Generationen Jahr für Jahr

Generation I

1965 »early«

Rechtzeitig im Frühjahr 1964 erschien das völlig neue Modell, das auf der Basis des für US-Verhältnisse kleinen Falcon (Debüt Modelljahr 1960) aufbaute. Von diesem erbte es den Antriebsstrang und in Teilen auch das Fahrwerk.

Alle frühen 65er-Mustangs (gebaut von März bis August 1964), die oft unrichtigerweise als »64½«-Modelle bezeichnet werden (denn alle haben an erster Stelle der Fahrgestellnummer die »5« für 1965 stehen), hatten einen Gleichstrom-Anlasser-Generator, die späteren Modelle einen auch heute noch gebräuchlichen Anlasser.

1965 Ford Mustang Convertible, Seriennummer 1.

Wie beim Falcon kam jeweils ein Sechszylinder und ein V8 zum Einsatz. Das Automatik-Getriebe hieß bei Ford »Cruise-O-Matic« und sollte die mühelose Art der Fortbewegung charakterisieren.

Das Fahrwerk bestand vorn aus einer Konstruktion mit oberem Dreiecksquerlenker und unterem Einfachlenker mit elastisch gelagerter Zugstrebe, hinten aus der Falcon-Starrachse mit Halbelliptikfedern. Das Fahrzeug erhielt die »Tiffany Gold Medal« für »Excellence in American Design«. Anders gesagt: Das Design kam an. Und wie, die Verkaufszahlen schnellten in die Höhe, nicht zuletzt auch dank eines cleveren Marketings.

Da spielte es auch keine Rolle, dass der Basis-Sechszylinder recht bescheidene Fahrleistungen aufwies, lediglich 140 km/h aus einem Hubraum von 2781 cm^3 und 101 PS bei 4400 Umdrehungen waren nun nicht gerade atemberaubend. Wie der V8 war auch der R6 mit allen drei Getrieben lieferbar. Scheibenbremsen gab es für den Reihensechser jedoch generell nicht. Warum Ford nicht von Anfang an den etwas größeren 3,3-Liter-Sechszylinder verwendet hat, wird wohl immer im Dunkel der Geschichte verborgen bleiben, zumal schon der Falcon diesen Motor zu bieten hatte. Bei einem betont sportlichen Modell hätte man auch den nominell 15 PS stärkeren Motor erwartet.

Eine Alternative bildete der 4,7-Liter-V8 (289 cubic inch) mit Vierfachvergaser, dieser leistete immerhin 210 SAE-PS.

Im Juni gab es bereits die extrem starke Version mit 271 SAE-PS, diese jedoch ausschließlich mit Viergang-Schaltgetriebe. Hier wurde klar auf die Sportfahrer-Kunden abgezielt. Dieser Motor war der einzige, der in beiden Serien des Modelljahres 1965 lieferbar war. Gleichzeitig wurden steifere Federn, härtere Stoßdämpfer und ein vorderer Stabilisator verbaut. Garniert wurde das Ganze mit 14-Zoll-Reifen mit rotem Ring (statt Weißwand). Nur etwas über 7000 Käufer fanden Gefallen an dieser exquisiten Kombination.

Standard waren die Reifen mit der Größe 6.50–13 auf 4,5-Zoll-Rädern für alle frühen Ausführungen. Wahlweise gab es noch die Größe 7.00–13. Für die V8-Versionen konnte jedoch auch die Größe 6.50–14 bestellt werden, und für Fahrzeuge, die mit dem »Handling-Package« ausgestattet waren, kamen ab Werk sogar 5.90–15 auf 5-Zoll-Rädern zum Einsatz. Die Ausstattung »GT« war an den beiden Zusatzscheinwerfern im Grill erkennbar. Anfangs standen unglaubliche 17 Farben für die Außenlackierung zur Auswahl, später wurde die Anzahl auf zwölf reduziert.

In den USA begannen die Preise bei bescheidenen 2320 Dollar, was damals einem Wert von etwa 9500 Mark entsprochen hat. Für nur 53 Dollar konnte man ein automatisches Verdeck für das Cabrio bestellen. Ford Köln vermarktete die Mustangs ab 1965 über ausgewählte Händler in ganz Deutschland.

Das Cabrio war übrigens als Pace Car für das Indy-500-Rennen von 1964 ausgewählt worden. Die seltensten 65er Mustang waren dann auch die Indy-500-Pace Cars. Zwei Cabrios wurden für das Rennen selbst zur Verfügung gestellt und 35 weitere an handverlesene Kunden weitergegeben. Zusätzlich gab es noch 185 Coupés, die über den normalen Händler-Verkauf liefen. Alle hatten die kleinere V8-Maschine mit 4,3 Litern Hubraum unter der Haube.

Modelljahr:	**1965 »early«**
Motor:	V8
Bohrung/Hub (mm):	96,52 x 72,89
Hubraum (cm³):	4267
Hubraum (CID):	260
Leistung (PS/kW-min.$^{-1}$):	164(121)-4400
Verdichtung:	8,8:1
Ventilsteuerung:	OHV, Zentrale Nockenwelle
Gemischaufbereitung:	1 Doppelvergaser Ford
Getriebe:	3-Gang-Schaltgetriebe
Bereifung:	6.50S13
Bremsanlage:	Hydraulische Einkreis-Trommelbremse, wahlweise Scheibenbremse vorn
Radstand (mm):	2743
LxBxH (mm):	4610 x 1730 x 1300
Karosserien:	Hardtop, Cabrio
Leergewicht (kg):	ab 1155 kg
Höchstgeschwindigkeit:	175 km/h
Stückzahl:	121.538 Exemplare
Preis:	DM 16.100 (Hardtop, R6, Schalter) DM 17.100,– (Fastback, dto.) DM 17.350,– (Cabrio, dto.) Mehrpreis V8–260: DM 400,–/500,– Mehrpreis Automatik: DM 995,–/1060,–
Weitere Motoren:	R6–2,8-Liter, 101 PS V8–4,7-Liter, 210 PS
Weitere Getriebe:	4-Gang-Schalter, 3-Gang-Automatik

1965 »late«

Nach den ersten fünf Monaten wurden bereits größere Motoren eingebaut. So leistete der etwas größere 3,3-Liter-Sechszylinder jetzt 19 PS mehr und erreichte damit eine Spitze von immerhin 150 km/h. Für die mit einem Speed-Limit von 55 mph (88 km/h) belegten US-Straßen war das sicher noch schnell genug.

Die V8-Motoren mit 200 und 225 SAE-PS, letztere mit Vierfachvergaser bei 4800 Umdrehungen, ermöglichten je nach Hinterachsübersetzung Geschwindigkeiten bis zu 190 km/h. Die stärkste Variante mit 271 SAE-PS verfügte über eine Doppelauspuffanlage. Die Nennleistung stand jedoch erst bei 6000 Umdrehungen an, für einen Graugussblock war das ein recht anspruchsvolles Niveau. Dieses Aggregat gab es nicht in Kombination mit einer Automatik.

Ab September 1964 erschien als dritte Karosserieversion das rassige Fastback auf dem Markt. Kennzeichen dieser Variante waren die Kiemen hinter den Türen, die die massive C-Säule betonten. Ebenfalls neu in diesem Modelljahr war das Deluxe-Ausstattungs-Paket mit Pony-Emblemen auf den Sitzen (ab März 1965), dazu gehörte auch ein Armaturenbrett mit fünf

1965 Ford Mustang Fastback.

anstelle der üblichen drei Rundinstrumente. Das Paket kostete 107 Dollar Aufpreis.

Einen Monat später gab es das GT-Paket für die V8-Modelle. Es umfasste vordere Scheibenbremsen, das »Special Handling Package« der 271-PS-Version, eine »schnellere« Lenkgetriebe-Übersetzung, Chromblenden an den Auspuffrohren, Nebelscheinwerfer im Grill und viele andere Kleinigkeiten für günstige 30 Dollar. Dennoch entschieden sich nur etwa 15.000 Kunden für diese Option.

Die 13-Zoll-Bereifung war bei den Sechszylinder-Typen weiterhin Standard, doch wahlweise gab es die nun auch mit Pneus der Dimension 6.95-14. Die 15-Zöller entfielen.

Optionen gab es zuhauf. Hier seien deshalb nur die wichtigsten genannt. Der 4,7-Liter-V8 kostete zum Beispiel nur 106 Dollar Aufpreis gegenüber dem relativ langsamen Reihensechser, und für weitere 53 Dollar gab es nochmals 25 PS als Zugabe. Die Automatik kostete beim Sechszylinder 176 Dollar, das Viergang-Getriebe verschlang lediglich 113 Scheine. Die vorderen Scheibenbremsen schlugen mit 57 Dollar zu Buche, Gurte für die hinteren Sitze nur mit 15 Greenbacks. Die vorderen Sitze hatten die Lebensretter serienmäßig ab Werk.

Den Fastback gab es auch mit Vinyldach, welches dann 74 Dollar verschlang. Die Klimaanlage wollte mit 277 Dollar zusätzlich bezahlt werden.

Diese Liste ließe sich endlos fortsetzen, da es zudem noch Extras gab, die vom ausliefernden Händler eingebaut werden mussten, so die Servobremse, die Scheibenwaschanlage und die Rückfahrscheinwerfer. Auch das Radio wurde nicht ab Werk eingebaut: Für seine geringe Marge hatte der Händler gut zu tun.

Modelljahr:	**1965 »late«**
Motor:	V8
Bohrung/Hub (mm):	101,6 x 72,89
Hubraum (cm³):	4728
Hubraum (CID):	289
Leistung (PS/kW-min.$^{-1}$):	200(147)-4400
Verdichtung:	9,3:1
Ventilsteuerung:	OHV, Zentrale Nockenwelle
Gemischaufbereitung:	1 Doppelvergaser Ford
Getriebe:	3-Gang-Schaltgetriebe
Bereifung:	6.95H14
Bremsanlage:	Hydraulische Einkreis-Trommelbremse, (ww. Scheibenbremse vorn)
Radstand (mm):	2743
LxBxH (mm):	4610 x 1730 x 1300
Karosserien:	Hardtop, Fastback-Coupé, Cabrio
Leergewicht (kg):	ab 1155 kg
Höchstgeschwindigkeit:	185 km/h
Stückzahl:	559.451 Exemplare
Preis:	DM 16.100,– (Hardtop, R6, Schalter) DM 17.100,– (Fastback, dto.) DM 17.350,– (Cabrio, dto.) Mehrpreis V8–289: DM 400,–/500,– Mehrpreis Automatik: DM 995,–/1060,–
Weitere Motoren:	R6–3,3-Liter, 120 PS V8–4,7-Liter, 225 PS V8–4,7-Liter, 271 PS
Weitere Getriebe:	4-Gang-Schalter, 3-Gang-Automatik

1966

Die nochmals längere Aufpreisliste erhöhte die Auswahl für die Kunden, nunmehr 23 Farbtöne machten die Wahl zur Qual. Die Reifengröße 6.95–14 war nun für alle Modelle Standard.

Nach dem Riesenerfolg des ersten Modelljahres sah man bei Ford keine Notwendigkeit, für 1966 viel zu ändern. Die Rückfahrscheinwerfer gehörten jetzt zur Serienausstattung. Die Stahlräder wurden leicht retuschiert. Innen bestand die größte Änderung gegenüber dem Vorjahr im neuen Armaturenbrett mit fünf Instrumenten. Die Motorleistungen waren gleich geblieben. Die stärkste Ausführung mit ihren 271 SAE-PS konnte jetzt aber mit einem Automatik-Getriebe kombiniert werden. Somit waren alle drei Getriebe-Varianten für alle Modelle und Motorisierungen bestellbar.

Die Bremsanlage gab es auf Wunsch nun mit einer Servo-Unterstützung zu kaufen.

Modelljahr:	**1966**
Motor:	V8
Bohrung/Hub (mm):	101,6 x 72,89
Hubraum (cm³):	4728
Hubraum (CID):	289
Leistung (PS/kW-min.$^{-1}$):	200(147)-4400
Verdichtung:	9,3:1
Ventilsteuerung:	OHV, Zentrale Nockenwelle
Gemischaufbereitung:	1 Doppelvergaser Ford
Getriebe:	3-Gang-Schaltgetriebe
Bereifung:	6.95H14
Bremsanlage:	Hydraulische Einkreis-Trommelbremse, ww. Scheibenbremse vorn
Radstand (mm):	2743
LxBxH (mm):	4610 x 1730 x 1300
Karosserien:	Hardtop, Fastback-Coupé, Cabrio
Leergewicht (kg):	ab 1165 kg
Höchstgeschwindigkeit:	185 km/h
Stückzahl:	607.568 Exemplare
Preis:	DM 16.100,– (Hardtop, R6, Schalter) DM 17.100,– (Fastback, dto.) DM 17.350,– (Cabrio, dto.) Mehrpreis V8–260: DM 400,–/500,– Mehrpreis Automatik: DM 995,–/1060,–
Weitere Motoren:	R6–3,3-Liter, 120 PS V8–4,7-Liter, 225 PS V8–4,7-Liter, 271 PS
Weitere Getriebe:	4-Gang-Schalter, 3-Gang-Automatik

1966 Ford Mustang GT Fastback.

Should a man in his 50's be allowed out in a Mustang?

Let's consider what might happen. To begin with, he'll go around with a mysterious little smile on his face, new spring in his walk. Mustang acts on a man that way, what with standard equipment like bucket seats, husky 200 cubic-inch Six, all-vinyl interiors, floor-shift, wall-to-wall carpeting, the works. Driving a Mustang can be like finding the Fountain of Youth! Then there's this: Mustang might give a man an incurable taste for luxury. Options include Stereo Tape System, air-conditioning, front disc brakes, power steering, big smooth 289 cubic-inch V-8. Finally, remember Mustang's low price. It will give a man a sense of spending power he's never had before. Do you know a man in his 50's who'd like all this to happen to him? *You do!* Well, welcome him to 1966—and tell him to get into a Mustang fast!

America's Favorite Fun Car
MUSTANG
MUSTANG
MUSTANG

1966 Mustang Hardtop

LIFE . 1966

1967

1967 Ford Mustang GT Fastback.

Für 1967 stand die erste Modellpflege an. Die Front geriet mit dem stärker ausmodellierten Kühlergrill und dem breiteren Mustang-Emblem ein wenig sportlicher, die seitlichen Sicken traten deutlicher hervor. Das Heck war neu gestaltet worden und unter Beibehaltung der jeweils drei senkrecht stehenden Rückleuchten mit einem höheren Mittelteil versehen worden (Fastback), die anderen Karosserieausführungen hatten ein eingezogenes, sprich konkaves Mittelteil. Mehr Fußraum für alle Passagiere gab es obendrein.

Das Viergang-Getriebe (bislang aus dem englischen Werk in Dagenham zugeliefert) wurde für den Sechszylinder nicht mehr angeboten, das Dreigang-Getriebe, jetzt mit Vollsynchronisierung, stand dafür der 271-PS-Version nicht mehr zur Verfügung. Scheibenbremsen waren auch für 1967 beim 120-PS-Mustang nicht lieferbar, während die GT-Modelle sie als Serienausstattung aufwiesen. Die Anlage verfügte nun über zwei getrennte Bremskreise, die Servounterstützung gab es auf Wunsch. Erstmals bot Ford den Mustang mit verstellbarer Lenksäule an.

Die vordere Radaufhängung wurde etwas verbreitert, was dem Fahrverhalten zugutekam. Das GT-Paket erkannte man wiederum an den Zusatzscheinwerfern im Kühlergrill. Der optionale Einbau eines Tempokonstanthalters war ebenso neu wie das Armaturenbrett mit der auf Wunsch lieferbaren integrierten Klimaanlage, bis dahin war sie als separate Einheit unterhalb desselben zu finden gewesen.

Die Zahl der Außenlackierungen war um fünf auf 28 gestiegen, die aufpreispflichtigen getönten Scheiben waren neu. Das Vinyldach rückte ebenfalls auf die Optionsliste. Außerdem wurde ein »Cobra-Paket« angeboten, das die Optik aggressiver wirken ließ. Die GT-Option mit Automatik hieß nun »GTA«. Das Cabrio-Verdeck besaß nun eine richtige Glasscheibe anstelle des Kunststofffensters.

Ganz neu stand mit dem vergrößerten Motorraum (gute fünf Zentimeter länger) auch der Einbau der großen 390er-Maschine im Programm (6384 cm³) mit 320 SAE-PS, die bis zu 200 km/h schnell war.

Als Spezial-Modell gab es einen tiefer gelegten und mit einem niedrigeren Dach versehenen »Mustang GT Mach I Fastback«.

Modelljahr:	1967
Motor:	V8
Bohrung/Hub (mm):	101,6 x 72,89
Hubraum (cm³):	4728
Hubraum (CID):	289
Leistung (PS/kW-min.⁻¹):	200(147)-4400
Verdichtung:	9,3:1
Ventilsteuerung:	OHV, Zentrale Nockenwelle
Gemischaufbereitung:	1 Doppelvergaser Autolite
Getriebe:	3-Gang-Schaltgetriebe
Bereifung:	6.95H14, ww. auch 7.35H14 oder F70H14
Bremsanlage:	Hydraulische Zweikreis-Trommelbremse, ww. Scheibenbremse vorn
Radstand (mm):	2743
LxBxH (mm):	4665 x 1795 x 1310
Karosserien:	Hardtop, Fastback-Coupé, Cabrio
Leergewicht (kg):	ab 1165 kg
Höchstgeschwindigkeit:	185 km/h
Stückzahl:	472.121 Exemplare
Preis:	DM 16.450,– (Hardtop, R6, Schalter) DM 17.800,– (Cabrio, dto.) Aufpreis V8: DM 950,–
Weitere Motoren:	R6–3,3-Liter, 120 PS V8–4,7-Liter, 225 PS V8–4,7-Liter, 271 PS V8–6,4-Liter, 320 PS
Weitere Getriebe:	4-Gang-Schalter, 3-Gang-Automatik

1968

1968 Ford Mustang Hardtop Coupé.

Mit geringen kosmetischen Änderungen ging der Mustang ins Modelljahr 1968, doch unter der Haube hatte Ford kräftig aufgerüstet. Der lahme Sechszylinder blieb zwar im Angebot, doch die meisten Käufer nahmen einen V8 mit nach Hause. Parallel zum bisherigen 289er-Motor kam nun der brandneue 302 cubic inch-Block auf den Markt, welcher bei 4800 Touren mit einem Vierfachvergaser von Autolite schöne 230 SAE-PS leistete und für 190 km/h gut war. Alle Motoren mit über 300 PS hatten dann Holley-Vierfachvergaser installiert.

Die 390er-Cobra-Jet-Maschine mit 6384 cm³ und 335 SAE-PS bei 4800 Umdrehungen stammte aus dem Vorjahr, neu war der ab April 1968 lieferbare Cobra-Jet-Big-Block (428er-Maschine mit 6964 cm³ und 335 SAE-PS bei 5600 Touren, Verdichtung 10,9:1)

Neues Topmodell war der Mustang mit der 427er-Maschine, ebenfalls ein Siebenliter-V8, der aber satte 390 SAE-PS auf die Kurbelwelle wuchtete. Mit entsprechender Übersetzung sollten über 215 km/h möglich sein.

Als Verkaufshilfe kamen, wie schon in den beiden vergangenen Jahren, im Frühjahr die sogenannten »Sprint«-Modelle mit speziellen Applikationen in die Verkaufsräume.

Modelljahr:	1968
Motor:	V8
Bohrung/Hub (mm):	101,6 x 72,89
Hubraum (cm³):	4728
Hubraum (CID):	289
Leistung (PS/kW-min.⁻¹):	195(143)-4600
Verdichtung:	8,7:1
Ventilsteuerung:	OHV, Zentrale Nockenwelle
Gemischaufbereitung:	1 Doppelvergaser Autolite
Getriebe:	3-Gang-Schaltgetriebe
Bereifung:	7.35H14, ww. auch 185HR14 oder F70H14
Bremsanlage:	Hydraulische Zweikreis-Trommelbremse, ww. Scheibenbremse vorn
Radstand (mm):	2743
LxBxH (mm):	4665 x 1795 x 1310
Karosserien:	Hardtop, Fastback-Coupé, Cabrio
Leergewicht (kg):	ab 1165 kg
Höchstgeschwindigkeit:	185 km/h
Stückzahl:	317.404 Exemplare
Preis:	DM 16.320,– (Coupé, R6, Schalter) DM 16.910,– (Fastback dto.) DM 17.550,– (Cabrio dto.) Mehrpreis für V8–289: DM 382,– Mehrpreis für Automatik: DM 1091,–
Weitere Motoren:	R6–3,3-Liter, 120 PS V8–5,0-Liter, 210 PS V8–5,0-Liter, 230 PS V8–6,4-Liter, 325 PS V8–7,0-Liter, 390 PS V8–7,0-Liter, 335 PS
Weitere Getriebe:	4-Gang-Schalter, 3-Gang-Automatik

1968 Ford Mustang GT Fastback.

1968 Ford Mustang California Special.

1968 Ford Mustang Hardtop Coupé Sprint.

1969

Für 1969 hatte Ford für den Mustang nicht weniger als zehn verschiedene Motorisierungen parat. Dem altbewährten 3,3-Liter-Reihensechszylinder mit jetzt nur noch 115 SAE-PS wurde ein größerer Motor gleicher Bauart mit 4,1 Litern mit 155 SAE-PS zur Seite gestellt, dieser kostete lachhafte 26 Dollar Aufpreis gegenüber dem kleineren Reihenmotor. Die V8-Maschinen standen in vier Hubraumstufen und insgesamt sieben Leistungsvarianten im Angebot. Neu waren dieses Jahr die 351-CID-Maschine (5,8-Liter) sowie das 429er-Kraftpaket (7,0-Liter), letzterer mit satten 375 SAE-PS, der für die »Boss«-Ausführung reserviert war.

Nebenbei: Die Motoren trugen seit Ende der 40er-Jahre meist klangvolle Namen. So nannte sich beispielsweise die große Siebenliter-Maschine mit 335 SAE-PS bei 5200 Touren (Verdichtung 10,6:1) »Ram Air Cobra Jet«. Diesen Motor gab es wiederum in zwei verschiedenen Ausführungen, jedoch mit derselben Leistung, was von der Hinterachsübersetzung abhängig war.

Die Fünfliter-V8 hatten im Übrigen jetzt beim Mustang die 4,7-Liter-Maschinen komplett abgelöst. Immer noch gab es für die Reihenmotoren weder das Viergang-Getriebe noch die vorderen Scheibenbremsen. Auch Käufer von Fünfliter-V8 mussten auf die vierte Fahrstufe verzichten. Dafür gab es das preiswertere Dreigang-Getriebe nicht in Kombination mit den Big-Block-Motoren.

Das neue Modelljahr brachte auch die Aufteilung in fünf Ausstattungslinien: »Standard«, »Deluxe« (beide mit allen drei Karosserie-Varianten lieferbar), »Mach I« (nur Fastback, 250 SAE-PS Serie, Lufthutze auf der Motorhaube), »Grande« (luxuriöseste Ausstattung, nur als Hardtop, mit Vinyldach) und »E« (wohl für Economy, nur Fastback und 4,1-Liter). Darüber rangierte der »Boss« mit den stärksten lieferbaren V8-Motoren (290 und 375 SAE-PS). Das Ausstattungspaket »GT« gab es auch weiterhin, war aber nicht mit allen Linien kombinierbar. Immerhin ein Viertel aller 69er-Mustangs wurde als Mach I ausgeliefert.

1969 Ford Mustang Boss 302.

1969 Ford Mustang Boss 429 Motoreinbau.

1969 Ford Mustang Mach 1 Fastback.

Den Boss-Ausführungen mit dem Big-Block-429er-Motor spendierte man Magnum 500-Räder der Größe 7x15 mit den neuen Reifen der Dimension F60–15 (Goodyear Polyglass GT), einen Drehzahlmesser, der bis 8000 Touren reichte sowie die Deluxe-Dekors im Innenraum. Der Motor selbst hatte einige Verstärkungen gegenüber den normalen 429er-Maschinen bekommen, so waren die Hauptlager mit jeweils vier statt zwei Schrauben befestigt. Außerdem war die Kurbelwelle, ebenso wie die Pleuel, geschmiedet und nicht gegossen. Der Zylinderkopf bestand aus einer Aluminium-Legierung, und die Brennräume wurden hemisphärisch gestaltet.

Auch was die Technik verhüllte, war neu, das galt für alle Karosserien, am besten zu erkennen am Fastback mit seinem kleinen Fenster hinter den Türen und dem kleinen Lufteinlass darunter. Das Hardtop-(Stufenheck-)Coupé besaß ein elegantes Ziergitter unterhalb der Lichtkante. Dritte Aufbau-Variante blieb das besonders in den Sonnenstaaten beliebte Cabrio.

Das Restyling führte zu einem erneuten Längenwachstum von zehn Zentimetern, damit einher ging eine deutliche Gewichtszunahme. Erstmals waren vier gleich große Scheinwerfer serienmäßig, auch der Innenraum war völlig neu und es konnten zwei verschiedene Armaturen-Layouts bestellt werden. Nur noch bei den Hardtops konnte die durchgehende vordere Sitzbank bestellt werden, alle anderen Modelle hatten serienmäßig Einzelsitze. Neu war auch die optionale Intervallschaltung für die Scheibenwischer.

Modelljahr:	**1969**
Motor:	V8
Bohrung/Hub (mm):	101,6 x 72,89
Hubraum (cm³):	4942
Hubraum (CID):	302
Leistung (PS/kW-min.⁻¹):	220(162)-4000
Verdichtung:	8,7:1
Ventilsteuerung:	OHV, Zentrale Nockenwelle
Gemischaufbereitung:	1 Doppelvergaser Autolite
Getriebe:	3-Gang-Schaltgetriebe
Bereifung:	7.35S14, ww. auch E78S14
Bremsanlage:	Hydraulische Zweikreis-Trommelbremse, ww. Scheibenbremse vorn
Radstand (mm):	2743
LxBxH (mm):	4760 x 1810 x 1280 bis 1300
Karosserien:	Hardtop, Fastb.-Coupé, Cabrio
Leergewicht (kg):	ab 1295 kg
Höchstgeschwindigkeit:	175 km/h
Stückzahl:	299.824 Exemplare
Preis:	DM 18.537,– (Coupé, V8, Schalter) DM 18.870,– (Fastback dto.)
Weitere Motoren:	R6–3,3-Liter, 115 PS R6–4,1-Liter, 155 PS V8–5,0-Liter, 290 PS V8–5,8-Liter, 250 PS V8–5,8-Liter, 290 PS V8–6,4-Liter, 320 PS V8–7,0-Liter, 335 PS V8–7,0-Liter, 375 PS
Weitere Getriebe:	4-Gang-Schalter, 3-Gang-Automatik

1970

1970 Ford Mustang Boss 302.

Die Änderungen an der Karosserie hielten sich nach dem massiven Facelift des vergangenen Jahres in Grenzen. Auffällig war die Rückkehr zu den zwei Einzelscheinwerfern, die nun mit dem Kühlergrill in einer gemeinsamen Umrandung saßen. An den vorderen Karosserieecken modellierten die Designer jeweils einen unwirksamen, aber auffälligen Doppellufteinlass ein. Die Palette an Farbtönen verringerte sich auf 16.

Neu war bei der Grande-Ausführung ein reduziertes Vinyldach, welches nur noch das Dach in der Breite der Seitenfenster bedeckte. Ein etwa 50 Zentimeter breiter Bereich oberhalb der Heckscheibe blieb frei und war in der Wagenfarbe lackiert, man sprach vom »Coupé de Ville«-Styling. Die Ausstattungslinie »E« entfiel.

Im Innenraum kam der Kunde in den Genuss eines neuen Lenkrads, und das Zündschloss war nun, wie bei allen US-Pkw ab Modelljahr 1970, an der Lenksäule zu finden und verriegelbar.

Vordere Einzelsitze mit hoher Rückenlehne waren serienmäßig; alle Modelle mit Viergang-Schaltgetriebe kamen mit einem sogenannten »Hurst-Shifter« – zu schnelleren Gangwechseln – zum Käufer. Außerdem erschien eine komplett neue Schalldämpferanlage mit jeweils zwei Dämpfern pro Strang.

Motorseitig fiel die 6,4-Liter-Variante ersatzlos weg, doch dieser Motor war ohnehin nicht sonderlich beliebt und wurde am Ende des 70er-Modelljahres auch bei allen anderen Ford-Modellen ausgemustert.

Geändert hatte sich nichts an den möglichen Motor-Getriebe-Kombinationen. Wesentliches gab es vom 5,8-Liter-Motors zu vermelden, der bisherige Windsor-Motor wich in der Ausführung mit Vierfachvergaser dem neuen Cleveland-Motor. Gab es übrigens auch mit Doppelvergaser, je nach Auslieferungs-Bundesstaat in den USA.

Der Mustang Mach I kam zusätzlich in den Genuss des »Competition-Fahrwerks« mit einem Stabilisator an der Hinterachse.

Erste Spezialausführungen mit Abgasbehandlung wurden nun eingeführt, da in Kalifornien seit 1968 ein neues Luftreinhaltegesetz Gültigkeit bekam. Nur knapp 500 Boss-Mustangs mit der 429er-Maschine wurden ausgeliefert. Die Zahl der verkauften Mustangs sank gegenüber 1969 um ein Drittel.

1970 Ford Mustang Hardtop Coupé.

1970 Ford Mustang Boss 302R.

Modelljahr:	**1970**
Motor:	V8
Bohrung/Hub (mm):	101,6 x 72,89
Hubraum (cm³):	4942
Hubraum (CID):	302
Leistung (PS/kW-min.⁻¹):	220(162)-4000
Verdichtung:	9,5:1
Ventilsteuerung:	OHV, Zentrale Nockenwelle
Gemischaufbereitung:	1 Doppelvergaser Autolite
Getriebe:	3-Gang-Schaltgetriebe
Bereifung:	E78S14
Bremsanlage:	Hydraulische Zweikreis-Trommelbremse, wahlweise Scheibenbremse vorn
Radstand (mm):	2743
LxBxH (mm):	4760 x 1820 x 1285 bis 1300
Karosserien:	Hardtop, Fastback-Coupé, Cabrio
Leergewicht (kg):	ab 1295 kg
Höchstgeschwindigkeit:	175 km/h
Stückzahl:	190.727 Exemplare
Preis:	DM 19.065,– (Hardtop, R6, Schalter) DM 19.400,– (Fastback, dto.) DM 20.175,– (Cabrio, dto.) DM 22.225,– (Mach I Coupé V8)
Weitere Motoren:	R6–3,3-Liter, 120 PS R6–4,1-Liter, 155 PS V8–5,0-Liter, 290 PS V8–5,8-Liter, 250 PS V8–5,8-Liter, 300 PS V8–7,0-Liter, 335 PS V8–7,0-Liter, 375 PS
Weitere Getriebe:	4-Gang-Schalter, 3-Gang-Automatik

1971

1971 erfolgte das dritte und letzte Restyling der ersten Generation. Die Mustangs wurden erneut länger und vor allem: wesentlich schwerer. Der kleine 3,3-Liter-Motor war dem nun gar nicht mehr gewachsen, Ford strich ihn ersatzlos aus dem Programm.

Massivere Stoßstangen, neue Streifen an den Seiten sowie stark veränderte Front- und Heckansichten charakterisierten den neuen Jahrgang, die 1969 und 1970 lieferbaren Heckjalousien gab es nun nicht mehr.

Durch die staatliche Auflage, ab Modelljahr 1971 nur noch Motoren anzubieten, die auch unverbleiten Kraftstoff vertragen konnten, sanken die Leistungsangaben einiger Motoren, wenn auch nur geringfügig.

Wenig Änderungen dagegen ergaben sich in den Ausstattungslinien, sie hießen »Standard«, »Mach I« (ab 5-Liter), »Grande« und »Boss«. Auch die möglichen Kombinationen von Karosserien, Motoren und Getrieben änderten sich nur unwesentlich. Den Verkaufsschwerpunkt bildete die mittelgroße 5,8-Liter-Maschine, die es alleine in vier Leistungsstufen gab. Bei allen 351er 5,8-Liter-V8 handelte es sich um in Cleveland gebaute Aggregate. Die bislang parallel angebotenen Siebenliter-Motoren ersetzte die 429er-Maschine in zwei Leistungsstufen. Für die

1971 Ford Mustang Fastback Sportsroof.

Ausführung mit 370 SAE-PS wurde ein Rochester-Vierfachvergaser bemüht, die nominell fünf PS stärkere Version bekam eine Holley-Gasfabrik spendiert. Die Verdichtung lag hier bei immer noch extrem hohen 11,3:1.

Dazu kamen verschiedene Räderdesigns mit und ohne Radkappen, zwölf Reifengrößen sowie Reifen mit und ohne Weißwand-Einlage. Optional und damit aufpreispflichtig indes war immer noch die Servounterstützung für die vorderen Scheibenbremsen.

Nur als »Boss« gab es in diesem Modelljahr den Fastback mit 5,8-Liter-Motor und Viergang-Schaltung. Der 330 SAE-PS starke Mustang war mit 11,7:1 verdichtet (so hoch wie kein anderer Serien-Ford), rollte auf Niederquerschnittreifen F60H15 und war für US-Tourenwagenrennen gedacht. Im Innenraum dominierte ein neues Armaturenbrett mit nur noch drei Anzeigeinstrumenten statt der üblichen fünf, allerdings konnten drei zusätzliche Uhren gegen Aufpreis geordert werden. Neu auf der Aufpreisliste standen elektrische Fensterheber und eine beheizbare Heckscheibe, letztere aber nicht für die Cabrios.

Die Verkaufszahlen sackten dennoch nochmals um etwa 25 Prozent ab, im Vergleich zu 1969 kamen nur noch halb so viele Mustangs auf die Straßen: Das »Pony-Car« lahmte ganz gewaltig.

Modelljahr:	**1971**
Motor:	V8
Bohrung/Hub (mm):	101,6 x 72,89
Hubraum (cm³):	4942
Hubraum (CID):	302
Leistung (PS/kW-min.⁻¹):	210(154)-4600
Verdichtung:	9,0:1
Ventilsteuerung:	OHV, Zentrale Nockenwelle
Gemischaufbereitung:	1 Doppelvergaser Autolite
Getriebe:	3-Gang-Schaltgetriebe
Bereifung:	E70S14
Bremsanlage:	Hydraulische Zweikreis-Trommelbremse, wahlweise Scheibenbremse vorn
Radstand (mm):	2770
LxBxH (mm):	4810 x 1880 x 1290
Karosserien:	Hardtop, Fastback-Coupé, Cabrio
Leergewicht (kg):	ab 1405 kg
Höchstgeschwindigkeit:	175 km/h
Stückzahl:	149.678 Exemplare
Preis:	DM 18.537,– (Hardtop, R6, Schalter)
Weitere Motoren:	R6–4,1-Liter, 145 PS V8–5,8-Liter, 240 PS V8–5,8-Liter, 280 PS V8–5,8-Liter, 285 PS V8–5,8-Liter, 330 PS V8–7,0-Liter, 370 PS V8–7,0-Liter, 375 PS
Weitere Getriebe:	4-Gang-Schalter, 3-Gang-Automatik

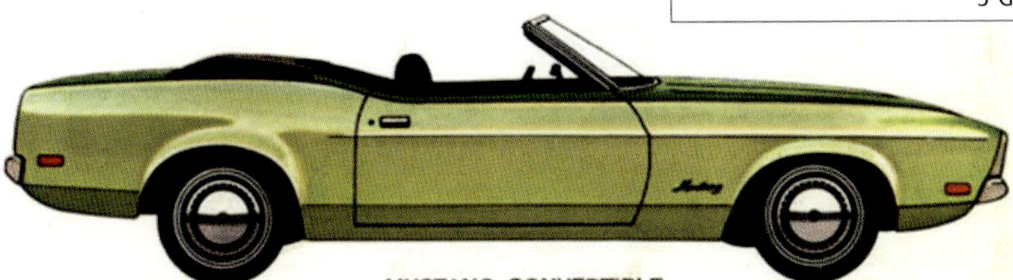

MUSTANG CONVERTIBLE

1972

Schärfere Abgasvorschriften sowie die Umstellung der Leistungsangaben von SAE-brutto auf SAE-netto (was im Prinzip der DIN-Leistung mit einem Fehler von 1,36 % entsprach) brachten massive Einbußen mit sich. So leistete der Reihensechszylinder gerade mal 98 Pferdestärken, was einer Literleistung von 25 PS entsprach. Das war in den USA schon in den 30er-Jahren Standard gewesen!

Auch die V8-Motoren verloren erheblich an Attraktivität; die Big-Blocks wurden gleich ganz ausrangiert. Der Fünfliter-V8 stand nur noch mit 141 PS in der Liste und die 351er-Motorisierung samt Doppelvergaser mit gerade mal 177 PS. Nur die von einem großen Vierfachvergaser und größeren Ventilen beatmete 5,8-Liter-Maschine (»Cobra Jet«) brachte es immerhin noch auf 266 PS, zumindest auf dem Papier. Eine kurzlebige 275-PS-Variante ohne hydraulischen Ventilspielausgleich kam erst zur Mitte des Modelljahres in die Ausstellungsräume, fiel aber beim Publikum durch. Nicht einmal 400 Exemplare konnten verkauft werden.

Auch die Boss-Ausführung war verschwunden, außer dem Standard-Modell waren noch »Mach I« und »Grande« am Markt. Der Einstiegspreis für das Sechszylinder-Standardmodell war in den USA mit 2679 Dollar aber immer noch sehr niedrig. Äußerlich waren die 72er-Modelle nur an den geänderten Aufschriften erkennbar. Zwei spezielle Ausstattungspakete (»Sprint« A und B) rundeten das Angebot an Optionen ab.

Modelljahr:	**1972**
Motor:	V8
Bohrung/Hub (mm):	101,6 x 72,89
Hubraum (cm³):	4942
Hubraum (CID):	302
Leistung (PS/kW-min.⁻¹):	140(103)-4000
Verdichtung:	8,5:1
Ventilsteuerung:	OHV, Zentrale Nockenwelle
Gemischaufbereitung:	1 Doppelvergaser Motorcraft
Getriebe:	3-Gang-Schaltgetriebe
Bereifung:	E70S14
Bremsanlage:	Hydraulische Zweikreis-Trommelbremse, wahlweise Scheibenbremse vorn
Radstand (mm):	2770
LxBxH (mm):	4810 x 1880 x 1290
Karosserien:	Hardtop, Fastback-Coupé, Cabrio
Leergewicht (kg):	ab 1405 kg
Höchstgeschwindigkeit:	175 km/h
Stückzahl:	125.093 Exemplare
Preis:	DM 18.315,– (Hardtop, R6, Schalter) DM 18.537,– (Fastback, dto.) DM 19.647,– (Cabrio, dto.) DM 18.870,– (Grande Coupé V8) DM 19.425,– (Mach I Coupé V8)
Weitere Motoren:	R6–250 CID, 98 PS V8–351 CID, 177 PS V8–351 CID, 266 PS
Weitere Getriebe:	4-Gang-Schalter, 3-Gang-Automatik

1972 Ford Mustang Sprint Edition Fastback.

1973

Modelljahr:	1973
Motor:	V8
Bohrung/Hub (mm):	101,6 x 72,89
Hubraum (cm^3):	4942
Hubraum (CID):	302
Leistung (PS/kW-$min.^{-1}$):	143(105)-4000
Verdichtung:	8,0:1
Ventilsteuerung:	OHV, Zentrale Nockenwelle
Gemischaufbereitung:	1 Doppelvergaser Motorcraft
Getriebe:	3-Gang-Schaltgetriebe
Bereifung:	E70S14
Bremsanlage:	Hydraulische Zweikreis-Trommelbremse, wahlweise Scheibenbremse vorn
Radstand (mm):	2770
LxBxH (mm):	4810 x 1880 x 1290
Karosserien:	Hardtop, Fastback-Coupé, Cabrio
Leergewicht (kg):	ab 1405 kg
Höchstgeschwindigkeit:	175 km/h
Stückzahl:	134.867 Exemplare
Preis:	DM 18.800,– (Hardtop) DM 19.000,– (Fastback) DM 20.000,– (Cabrio) DM 19.500,– (Grande Coupé) DM 20.400,– (Mach I Coupé)
Weitere Motoren:	R6–250 CID, 99 PS V8–351 CID, 177 PS V8–351 CID, 266 PS
Weitere Getriebe:	4-Gang-Schalter, 3-Gang-Automatik

Im letzten Jahr der ersten Generation änderte sich am Motoren- und Getriebeangebot praktisch nichts. Leichte Karosserieretuschen machten den Unterschied zu den Vorjahresmodellen aus. Die nach wie vor runden Einzel-Scheinwerfer waren nun in einer eckigen Umrandung zu finden. Die Begrenzungsleuchten bekamen eine rechteckige Umrandung.

Die vorderen Stoßfänger wurden in Wagenfarbe lackiert, waren aus Kunststoff und mussten die neuen Sicherheitsvorschriften erfüllen. Diese besagten, dass alle Fahrzeuge einen Aufprall mit 8 km/h schadlos überstehen mussten. Für das Heck galt Ähnliches bei einer halb so hohen Aufprallgeschwindigkeit. Außerdem gab es eine Abgasrückführungsanlage für alle Motoren.

Das Cabrio stand vorläufig zum letzten Mal im Angebot, erst 1982 sollte es wieder eine Offen-Variante geben.

1973 Ford Mustang Mach I.

1973 Ford Mustang Mach I.

Ford cares about your safety

Ford has been a pioneer in safety design in the automotive industry. Our Safety Research Center has developed stronger, safer, more dependable automotive products for you.

You'll find this reflected in each new 1973 Ford Mustang model which includes these FORD MOTOR COMPANY LIFEGUARD DESIGN SAFETY FEATURES, standard: Improved front and rear bumpers • Improved impact-absorbing laminated safety glass windshield • Dual hydraulic brake system with warning light • Glare-reduced instrument panel padding, windshield wiper arms, steering wheel hub, rearview mirror/mirror mounting and windshield pillars • Energy-absorbing steering column and steering wheel • Energy-absorbing armrests and safety-designed door handles • Front and rear lap belts with mini buckles for all seating positions and retractors for front and rear outboard occupants • Shoulder belts for front outboard occupants • Positive reminder warning light and buzzer for front outboard seat belts • Turn indicators with lane-changing signal feature • Inside yield-away rearview mirror • Energy-absorbing instrument panel with padding for center and outboard passengers • Padded sun visors • Locking steering column with warning buzzer • Two-speed windshield wipers • Windshield washers • Double-yoke safety door latches and safety hinges • Steel guard rails in side doors • Hazard warning flasher • Backup lights • Side marker lights • Energy-absorbing front seat back tops with padding • Self-locking front seat backs on two-door vehicles • Safety-designed coat hooks (except convertibles) • Safety-designed radio control knobs and push buttons (on all cars equipped with radios) • Outside rearview mirror, driver's side • Safety rim wheels and load-rated tires • Corrosion-resistant brake lines • Uniform transmission shift quadrant (on all cars equipped with automatic transmission) • Parking lamps coupled with headlamps • Non-reversing odometer • Safety design front end structure • Head restraints or high back seats for front outboard occupants • Safety glove-box latch (on all cars equipped with glove boxes).

Built-in safety is something you have going for you in every Mustang. Take full advantage of this protection as you drive. Obey all traffic laws, think ahead and always buckle up for safety.

Economy of Operation: All 1973 Mustangs call for 36,000 miles, or 3 years (whichever comes first) between major chassis lubrications, 4,000 miles, or 4 months, between oil changes. Oil filter change initially at 4,000 miles or 4 months, and at 8,000-mile or 8-month intervals thereafter. Other economy features include: self-adjusting brakes, 2-year engine coolant-antifreeze, long-life Motorcraft Sta-Ful battery, corrosion-resistant aluminized muffler, zinc-coated underbody parts, use of regular gas, and more.

NOTES

Color Codes. For your convenience, each Mustang illustration is color coded, example: (Color: 1A). Your Ford Dealer will be pleased to show you a color chip and actual swatches of vinyl roof and interior trim materials.

All 1973 Mustang engines are designed to operate on regular gasoline with octane rating of at least 91 (Research Method) when adjusted to factory recommended specifications.

Replacement Parts. Your 1973 Mustang comes with factory-engineered Motorcraft battery, oil filter, shock absorbers; Autolite Powertip Spark Plugs and other Ford approved precision parts. For continued top performance, be sure to specify Motorcraft Parts and Autolite Powertip Spark Plugs whenever replacement is necessary.

Illustrations and information presented were correct when approved for printing. Ford Division reserves the right to discontinue or change at any time, specifications or design without incurring obligations.

Some features shown or described are optional at extra cost. Most options are offered on all models. Some options are required in combination with other options. Availability of some models or features described may be subject to a slight delay. Always consult your Ford Dealer for the latest, most complete information on models, features, prices and availability.

All 1973 cars must meet Federal Emission Standards before sale. See your Ford Dealer for details.

Listening better.
Building better.
That's Ford.

Mustang Hardtop (Color: 5A)

Mustang SportsRoof (Color: 2B)

Mustang Convertible (Color: 3B)

Mustang Mach 1 (Color: 5M)

Mustang Grandé (Color: 4P)

FORD MUSTANG

FORD DIVISION Ford

Generation II

1974

Modelljahr:	1974
Motor:	V6
Bohrung/Hub (mm):	92,96 x 68,58
Hubraum (cm³):	2793
Hubraum (CID):	171
Leistung (PS/kW-min.⁻¹):	105(77)-4600
Verdichtung:	8,2:1
Ventilsteuerung:	OHV, Zentrale Nockenwelle
Gemischaufbereitung:	1 Holley-Weber-Doppelvergaser
Getriebe:	4-Gang-Schaltgetriebe
Bereifung:	CR70–13
Bremsanlage:	Hydraulische Zweikreisbremse, vorn Scheiben, hinten Trommeln
Radstand (mm):	2440
LxBxH (mm):	4440 x 1780 x 1270
Leergewicht (kg):	ab 1230 trocken
Höchstgeschwindigkeit:	160 km/h
Stückzahl:	385.993 Exemplare
Preis:	DM 14.500,– (Mach I, freier Händler)
Weitere Motoren:	R4–2,3-Liter, 88 PS
Weitere Getriebe:	3-Gang-Automatik

Gerade rechtzeitig vor Ausbruch der Energiekrise präsentierte Ford die völlig neue Ausgabe des Mustang. In der Außenlänge schrumpfte das Pony-Car in der zweiten Generation um 37 Zentimeter bei einem um 33 Zentimeter reduzierten Radstand und lag damit noch um 17 Zentimeter unter der Länge des Ur-Mustang, der bei seinem Erscheinen als sehr kompakt empfunden worden war.

Damit er nicht gar zu schmächtig wirkte, wurde er mit allerlei optischen Tricks auf wichtig getrimmt. Ausladende Sicherheits-Stoßfänger und üppige Chromapplikationen machten aus dem gedrungeneren Auto – das es nicht als Cabriolet gab – ein durchaus attraktives Modell, was sich auch in den Verkaufszahlen niederschlug. Die Modellpalette umfasste das zweitürige Hardtop mit Stufenheck sowie das Fastback-Coupé mit großer Heckklappe.

Auch unter der Haube herrschte Genügsamkeit, hier werkelten die bisher kleinsten Motoren, die bei Ford/USA jemals verwendet worden waren. Der für US-Verhältnisse geradezu winzige Vierzylinder-Reihenmotor aus dem Ford Pinto mit 2,3 Litern Hubraum und 88 PS befeuerte das Basismodell, die etwas größere V6-Maschine mit 2,8 Litern Hubraum konnte es kaum besser: Zaghafte 105 PS mühten sich, den immerhin noch fast 1300 Kilogramm wiegenden Mustang zu beschleunigen. Ein V8 war vorläufig nicht zu haben.

Der kleine Vierzylinder war als OHC-Maschine mit Querstromzylinderkopf durchaus auf der Höhe der Zeit, doch die magere Leistung ließ keine rechte Freude aufkommen, zumal auch der Auspuffsound in keiner Weise an die bisherigen V8 erinnerte. Der V6 wurde in Deutschland gebaut (und dort auch im Taunus/Capri/Granada verwendet), konnte aber mit der für die USA vorgeschriebenen Abgasreinigungsanlage nicht das europäische Leistungsniveau halten, was die kümmerliche Leistungsausbeute erklärt.

1974 Ford Mustang II Hatchback.

Tiefgreifend überarbeitet präsentierte sich auch das Fahrgestell mit vorderer Einzelradaufhängung und hinterer Starrachse. Erstmals verwendet wurde ein Fahrschemel, der die auftretenden Schwingungen reduzierte und die in den Fahrgastraum wirkenden Fahrbahneinflüsse milderte. Neu positioniert waren auch die Schraubenfedern, was eine wesentlich kompaktere Gestaltung der Vorderachsaufhängung gestattete. Das Kugelumlauflenkgetriebe wich einer Zahnstangenlenkung. Für servounterstützte vordere Scheibenbremsen musste endlich kein Aufpreis mehr bezahlt werden.

Nicht gespart hatten die Ford-Mannen bei den Ausstattungslinien. Es gab das Standardmodell (beide Karosserievarianten), den Mach I-Fastback mit auffälliger Kriegsbemalung (nur mit V6-Motor) sowie den »Ghia« (diese Bezeichnung wurde ebenfalls bei Ford Taunus und Granada verwendet) als Luxusvariante, letzteren wiederum ausschließlich als Stufenheck-Hardtop mit Vinyldach und feinerer Polsterung. Der Mach I konnte zusätzlich mit einem »Rallye-Paket« bestellt werden, welches ein Sperrdifferenzial, einen zusätzlichen Kühler, eine digitale Quarzuhr sowie die sogenannte »Competition Suspension« (mit verstärkten Federn und hinterem Stabilisator) umfasste. Auch ein Lederlenkrad gehörte zur Ausstattung. Weitere Optionen kamen erstmals ins Programm, so das Handkurbel-Sonnendach, die geschmiedeten Leichtmetall-Räder sowie eine Diebstahlwarnanlage.

1974 Ford Mustang II Hardtop.

Der 2,8-Liter-V6 stammte aus deutscher Produktion

1973 kostete der 4,1-Liter-Sechszylinder 2760 Dollar, doch für das 74er-Modell mit nur noch vier Zylindern und 2,3-Liter Hubraum mussten schon stolze 3134 Scheine auf den Tisch geblättert werden. Das entsprach einer Steigerung um fast 14 Prozent. Von da ab kannten die Preise nur noch eine Richtung: nach oben, das 78er-Modell kostete mindestens 3824 Dollar, das waren fast 40 Prozent über dem Preis des 73er-Modells. Und dafür bekam man noch einen wesentlich lahmeren und unattraktiveren Motor.

1975

Fast 400 Dollar mehr verlangte Ford für seinen 75er Mustang, dessen Motoren vom Vorjahr übernommen wurden. Allerdings traute man sich nun wieder, einen kleinen V8 anzubieten, auch wenn der aus fünf Litern Hubraum gerade mal 140 PS schöpfte. Für den kalifornischen Markt sank wegen des erstmals verwendeten ungeregelten Katalysators die Leistung sogar auf 135 Pferdchen. Den V8 gab es ausschließlich in Kombination mit der Dreigang-Automatik. Damit waren jetzt wieder bis zu 175 km/h drin. Alle Motoren profitierten von der neuen elektronischen Zündanlage; Stahlgürtelreifen waren serienmäßig.

Die beiden Karosserievarianten verteilten sich auf die Ausstattungslinien »Standard« (2- und 3-türig), »Ghia« und »Mach I« wie schon 1974. Für den Ghia gab es noch eine spezielle Luxusausführung, den »Silver Ghia«, der mit einer besonderen Metallic-Lackierung, einem nur auf der hinteren Dachhälfte beklebten Vinyldach, einer Innenausstattung in der Farbe »Cranberry« und einer Kühlerfigur (einer römischen II mit Mustang-Emblem) brillierte. In der damaligen Ford-Werbung hieß das »Small Car Prestige«. Diese Kühlerfigur war auch separat erhältlich.

Um den Mustang im Prospekt größer aussehen zu lassen, mussten die daneben postierten Personen sich so setzen, dass sie ihre Arme locker auf den Stoßfängern ablegen konnten. Das Glasdach nannte sich nun »Moonroof«.

Modelljahr:	**1975**
Motor:	V6
Bohrung/Hub (mm):	92,96 x 68,58
Hubraum (cm³):	2793
Hubraum (CID):	171
Leistung (PS/kW-min.⁻¹):	97(71)-4400
Verdichtung:	8,2:1
Ventilsteuerung:	OHV, Zentrale Nockenwelle
Gemischaufbereitung:	1 Holley-Weber-Doppelvergaser
Getriebe:	3-Gang-Automatik Serie
Bereifung:	CR70–13
Bremsanlage:	Hydraulische Zweikreisbremse, vorn Scheiben, hinten Trommeln
Radstand (mm):	2440
LxBxH (mm):	4440 x 1780 x 1270
Leergewicht (kg):	ab 1250 trocken
Höchstgeschwindigkeit:	160 km/h
Stückzahl:	188.575 Exemplare
Preis:	ab DM 15.000,– (freier Händler)
Weitere Motoren:	R4–2,3-Liter, 87 PS V8–4,9-Liter, 140 PS
Weitere Getriebe:	4-Gang-Schaltgetriebe nur R4

1975 Ford Mustang II Silver Ghia.

1976

Endlich ein Jahr, in dem die Preise nicht stiegen, oder zumindest kaum. Auch sonst tat sich wenig, die kosmetischen Änderungen waren kaum der Rede wert.

Für nur 72 Dollar gab es neuerdings das Ausstattungspaket »Stallion Group«, das eine besondere Zweifarbenlackierung beinhaltete. Motorhaube, Dach und die Flanken unterhalb der Zierlinie waren hier in Schwarz gehalten, genauso die Stoßfänger. Dafür gab es kein Mustang-Emblem im Kühlergrill.

Als zusätzliches Modell rückte die »Cobra« ins Programm. Wie damals bei Shelby verliefen auffällige Streifen längs über die gesamte Karosserie sowie seitlich an der Schwellerlinie der Schriftzug »Cobra II«. Das hintere Seitenfenster war mit einer Kiemenabdeckung versehen. Genau genommen gab es zwei Cobra-Ausstattungs-Pakete, das normale Paket sowie das »Modification Package«. Hier kamen Front- und Heckspoiler, eine imitierte Lufteinlasshutze auf der Motorhaube sowie zahlreiche Schlangenembleme dazu. Beide Pakete kosteten zusammen rund 600 Dollar.

Modelljahr:	1976
Motor:	V6
Bohrung/Hub (mm):	92,96 x 68,58
Hubraum (cm³):	2793
Hubraum (CID):	171
Leistung (PS/kW-min.⁻¹):	105(77)-4600
Verdichtung:	8,7:1
Ventilsteuerung:	OHV, Zentrale Nockenwelle
Gemischaufbereitung:	1 Holley-Weber-Doppelvergaser
Getriebe:	3-Gang-Automatik
Bereifung:	CR70–13
Bremsanlage:	Hydraulische Zweikreisbremse, vorn innenbelüftete Scheiben, hi. Trommeln
Radstand (mm):	2440
LxBxH (mm):	4440 x 1780 x 1270
Leergewicht (kg):	ab 1260 trocken
Höchstgeschwindigkeit:	160 km/h
Stückzahl:	187.567 Exemplare
Preis:	DM 17.800,– (Ghia, freier Händler)
Weitere Motoren:	R4–2,3 Liter, 88 PS V8–5,0-Liter, 140 PS
Weitere Getriebe:	4-Gang-Schaltgetriebe (nicht für V8)

1976 Ford Mustang II Mach I Stallion Group.

1976 Ford Mustang II Cobra II. (Abb.: Didier Lahosse / CC-BY-ND 2.0)

1977

Wiederum nur kosmetische Änderungen, auch in der Innenausstattung.

Den 4,9-Liter-Motor gab es in drei Leistungsstufen: 129 PS mit Schaltgetriebe, 134 PS mit Automatik und 132 PS für Kalifornien (mit ungeregeltem Katalysator). Die Auswahl an Karosserievarianten und Ausstattungslinien war ebenso unverändert vom Vorjahr übernommen worden. Allerdings verdiente ein bemerkenswertes Detail Beachtung: Das sogenannte »T-Roof«, ein Fastback mit herausnehmbaren Dachhälften.

Alle Fastbacks verfügten nun über einen schwarzen Kühlergrill. Außerdem kamen sie in den Genuss eines serienmäßigen Sportlenkrads und eines Armaturenbretts in gebürstetem Alu-Dekor; Hardtops hatten dagegen Holzimitat-Dekor. Das »Moonroof« wurde zugunsten eines Aufstellschiebedachs gestrichen. Die neuen höhenverstellbaren Sitze hatten allerdings noch immer keine Lehnenverstellung.

Mit dem klangvollen Namen »Sports Performance Package« fand sich nun ein weiteres Ausstattungs-Paket (Aufpreis zwischen 516 und 649 Dollar) auf der Bestellliste. Es beinhaltete den V8-Motor, ein Viergang-Getriebe, Servobremse und -lenkung sowie die metrische Reifengröße 195/70R14.

Die für Kalifornien bestimmten Mustangs unterschieden sich durch neue Venturi-Vergaser mit variablem Querschnitt, um die strengeren Abgasnormen dort einhalten zu können, von denen für den Rest der USA. Die Preise zogen wieder leicht an, los ging es ab 3678 Dollar, der Mach I startete ab 4332 Dollar.

1977 Ford Mustang II Cobra II.

Modelljahr:	1977
Motor:	V6
Bohrung/Hub (mm):	92,96 x 68,58
Hubraum (cm³):	2793
Hubraum (CID):	171
Leistung (PS/kW-min.⁻¹):	103(76)-4200
Verdichtung:	8,7:1
Ventilsteuerung:	OHV, Zentraler Nockenwelle
Gemischaufbereitung:	1 Holley-Weber-Doppelvergaser
Getriebe:	3-Gang-Automatik
Bereifung:	CR70–13
Bremsanlage:	Hydraulische Zweikreis-bremse, vorn innenbelüftete Scheiben, hi. Trommeln
Radstand (mm):	2440
LxBxH (mm):	4445 x 1785 x 1270
Leergewicht (kg):	ab 1230 trocken
Höchstgeschwindigkeit:	160 km/h
Stückzahl:	153 174 Exemplare
Preis:	DM 19.500,– (Tudor Coupé) DM 20.450,– (Sportback Coupé) DM 21.100,– (Tudor Ghia) DM 21.700,– (Mach I Coupé)
Weitere Motoren:	R4–2,3-Liter, 92 PS V8–4,9-Liter, 129–132 PS
Weitere Getriebe:	4-Gang-Schaltgetriebe (nicht V8)

1977 Mustang II T-Roof Concept

1977 Ford Mustang II Silver Ghia.

1978

Im letzten Jahr der Generation II wurden die Mustangs nochmals durchschnittlich um 150 Dollar teurer. Der Einstandspreis lag jetzt bei 3824 Dollar. Vier- und Sechszylinder hatten nun praktisch identische Motorleistung. Lediglich das höhere Drehmoment und der weichere Motorlauf sprachen noch für den 2,8-Liter-V6. Der Preisunterschied betrug 237 Dollar. An den bekannten Karosserieversionen und Ausstattungsstufen änderte sich auch 1978 nichts, die Cobra-Option ging in ihr letztes Jahr, auch der Mach I verschwand nach dem Modellwechsel im Sommer.

Kennzeichen der Cobra-Ausstattung war der besonders breite »Rallye-Streifen« auf jeder Flanke mit übergroßen COBRA-Lettern. Der bisher zweigeteilte, über die ganze Oberseite der Karosserie verlaufende breite Dekorstreifen war nun einteilig ausgeführt.

Für die Damenwelt bot man ein weiteres Ausstattungspaket an, das »Fashion Accessory Package«. Ansprechendere Stoffe für die Sitze, ein beleuchteter Make-up-Spiegel auf der Fahrer(innen)seite, ein Münzbehälter und Einstiegsleuchten rundeten dieses Angebot für 219 Dollar ab.

1978 Ford Mustang II King Cobra.

1978 Ford Mustang II Cobra II.

Nur in diesem letzten Modelljahr offerierte Ford die »King Cobra«-Option, welche für heftige 1277 Dollar Speichenräder, eine spezielle Lufthutze auf der Motorhaube, vielerlei Dekorstreifen und Embleme, die V8-Maschine und einen Frontspoiler mit zusätzlichem Lufteinlass bot. Außerdem waren natürlich die Servoaggregate für Lenkung und Bremsen an Bord sowie verstärkte Federn und einstellbare Stoßdämpfer. Für den V8 gab es neuerdings sogar ein manuelles Viergang-Getriebe, welches noch besser zum eher sportlichen Auftritt des Mach I passte.

Modelljahr:	**1978**
Motor:	V6
Bohrung/Hub (mm):	92,96 x 68,58
Hubraum (cm³):	2793
Hubraum (CID):	171
Leistung (PS/kW-min.⁻¹):	90(66)-4200
Verdichtung:	8,7:1
Ventilsteuerung:	OHV, Zentrale Nockenwelle
Gemischaufbereitung:	1 Holley-Weber-Doppelvergaser
Getriebe:	3-Gang-Automatik
Bereifung:	CR70–13
Bremsanlage:	Hydraulische Zweikreisbremse, vorn innenbelüftete Scheiben, hi. Trommeln
Radstand (mm):	2440
LxBxH (mm):	4445 x 1785 x 1270
Leergewicht (kg):	ab 1230 trocken
Höchstgeschwindigkeit:	160 km/h
Stückzahl:	192.410 Exemplare
Preis (2,8-V6):	DM 18.100,– (Hardtop Coupé) DM 18.950,– (Sportback Coupé) DM 19.850,– (Hardtop Ghia) DM 20.400,– (Mach I Coupé)
Weitere Motoren:	R4–2,3-Liter, 88 PS V8–4,9-Liter, 139 PS
Weitere Getriebe:	4-Gang-Schaltgetriebe (auch V8)

1978 Ford Mustang II mit King Cobra-Package.

1979

Mit einer völlig neuen, im Windkanal optimier-

1979 Ford Mustang Cobra.

ten Karosserie brachte Ford im Sommer 1978 die dritte Mustang-Generation an den Start.

Ein wenig länger geworden war das Pony, aber schmaler, und in der Höhe nahezu gleich. Der sanft verlängerte Radstand sorgte aber für ein geräumigeres Passagierabteil; die neue Plattform hieß im internen Sprachgebrauch »Fox«, was dazu führte, dass die Fahrzeuge dieser Generation gerne als »Fox-body«-Mustang bezeichnet werden.

Nahezu nichts mehr erinnerte an das traditionelle Mustang-Styling, Jack Telnack, der kommende Mann im Ford-Design und Kopf eines der drei konkurrierenden Designteams, setzte sich durch. Ruhige, sachliche Linien dominierten, größere Fensterflächen und bei den Hardtops die gewölbte Heckscheibe ermöglichten eine bessere Rundumsicht. Die senkrecht abgesetzten Mehrkammer-Rückleuchten interpretierten das bisherige Design-Thema auf neue Art.

Bei den Motoren bildete weiterhin der schwächliche 2,3-Liter-Vergaser die Basis. Mehr Schub und damit auch eine bessere Beschleunigung versprach der erstmals aufgebotene 2,3-Liter-Turbo. Der Garrett-Lader pushte die Leistung von 88 auf 116 PS; die Verdichtung lag mit 9,0:1 ungewöhnlich hoch. Damit wies der Turbo-Motor ein sattes Leistungsplus von 30 Prozent gegenüber dem normalen Sauger auf, in den USA bezifferte Ford die Leistung des Turbomodells sogar mit 132 PS. Damit übertraf der Vierzylinder das Niveau des V6 und lag fast gleichauf mit dem Fünfliter-Automatik-V8, der 175 km/h lief und 143 PS in den Papieren stehen hatte.

Der auch nicht mehr taufrische V6-Motor stand ebenfalls zur Ablösung an, Ford ersetzte ihn zur Mitte des Modelljahres 1979 durch den äußerst behäbigen 3,3-Liter-Reihensechszylinder mit Einfachvergaser aus dem Ford Fairmont, der nur 85 PS leistete, aber gegenüber dem 2,3-Liter Vierzylinder um 241 Dollar teurer geriet. Außerdem handelte es sich dabei um einen Reihenmotor, der Wechsel von einem V- zum Reihenmotor war schon sehr ungewöhnlich.

Der neue Mustang in Basis-Ausstattung kostete 4500 Dollar, er war damit um satte 670 Dollar teurer als der gerade abgelöste Vorgänger. Für die Ghia-Ausstattung mussten nochmals 570

Dollar draufgelegt werden. Trotzdem verdoppelten sich die Verkaufszahlen nahezu, zumal der Mustang jetzt auch als »Capri« im Mercury-Modellprogramm positioniert wurde.

Die Ausstattungslinien hießen »Standard« (Hardtop 2-türig), »Sport« (Hardtop 2- und Fastback 3-türig), »Ghia« (wie Sport) sowie »Cobra« (Fastback 3-türig). Herausnehmbare Dachhälften gehörten der Vergangenheit an. 1979 führte der neue Mustang auch als Pace-Car das Indy-500-Rennen an, doch dieses Mal wurden gleich 11.000 Exemplare dieses Sondermodells verkauft. Dessen Kennzeichen waren die Indy-Lackierung, Lufthutzen, Heckspoiler, Michelin-TRX-Radialreifen, Recaro-Sitze und ein zusätzlicher Lufteinlass mit integrierten Nebelscheinwerfern.

Zu den technischen Innovationen gehörten die vordere Radaufhängung, hier saßen die Schraubenfedern zwischen dem unteren Querlenker und der Karosserie. Hinten wurden erstmals ebenfalls Schraubenfedern eingesetzt, die Blattfedern hatten endgültig ausgedient.

Wahlweise offerierte Ford für den Mustang eine spezielle Rad-Reifen-Kombination der Größe 190/65TR390 auf geschmiedeten Alurädern mit exakt darauf abgestimmtem Fahrwerk, was das Handling enorm verbesserte. Allerdings verursachten die Michelin-TRX-Reifen in Verbindung mit dem V8-Motor bei bestimmten Fahrzuständen ein Hinterachstrampeln.

1979 Ford Mustang Coupé.

Modelljahr: 1979	
Motor:	V6
Bohrung/Hub (mm):	92,96 x 68,58
Hubraum (cm³):	2793
Hubraum (CID):	171
Leistung (PS/kW-min.⁻¹):	109(80)-4800
Verdichtung:	8,7:1
Ventilsteuerung:	OHV, Zentrale Nockenwelle
Gemischaufbereitung:	1 Holley-Weber-Doppelvergaser,
Getriebe:	3-Gang-Automatik
Bereifung:	CR70–13
Bremsanlage:	Hydraulische Zweikreisbremse, vorn innenbelüftete Scheiben, hi. Trommeln
Radstand (mm):	2550
LxBxH (mm):	4550 x 1755 x 1310
Leergewicht (kg):	ab 1140 trocken
Höchstgeschwindigkeit:	160 km/h
Stückzahl:	369.936 Exemplare
Preis:	DM 17.390,– (Coupé 2,3) DM 18.325,– (Fastback Coupé 2,3) DM 18.535,– (Coupé Ghia 2,3) DM 19.040,– (Ghia Fb. Coupé 2,3) DM 21.120,– (Cobra Coupé Turbo)
Weitere Motoren:	R4–2,3-Liter, 88 PS R4–2,3-Liter-Turbo, 116 PS R6–3,3-Liter, 85 PS V8–4,9-Liter, 140 PS
Weitere Getriebe:	4-Gang-Schaltgetriebe (auch V8)

1980

Karosserievarianten und Ausstattungslinien blieben wie gehabt. Die Cobra-Ausführung bekam den zusätzlichen Lufteinlass des 1979er Pace Cars sowie eine nach hinten gerichtete Hutze auf der Motorhaube spendiert. Und eine wartungsfreie Batterie gab es obendrein.

Auf der Motorseite jedoch wurde der mit vielen Vorschusslorbeeren bedachte Turbo am Ende des Modelljahres ausgemustert, da er unerwartet anfällig war. Als Ersatz für den bisherigen Fünfliter-V8 verwendete Ford nun einen kleineren V8 mit 4,2-Litern Hubraum, was die Leistung auf nur noch 118 PS absinken ließ. Das und eine weitere überaus heftige Preiserhöhung auf jetzt 5338 Dollar beim Basismodell (plus 844 Dollar) verursachten ein Absacken der Absatzzahlen um gut ein Viertel, zumal die zweite Ölkrise die Autoindustrie beutelte. Wichtige Neuerung: Es erfolgte die komplette Umstellung auf metrische Reifengrößen für alle Modelle.

1980 Ford Mustang LX Coupé.

Modelljahr:	1980
Motor:	R6
Bohrung/Hub (mm):	93,52 x 79,4
Hubraum (cm³):	3273
Hubraum (CID):	200
Leistung (PS/kW-min.⁻¹):	91(67)-3800
Verdichtung:	8,5:1
Ventilsteuerung:	OHV, seitliche Nockenwelle
Gemischaufbereitung:	1 Carter Einfachvergaser
Getriebe:	4-Gang-Schaltgetriebe
Bereifung:	175/75R14
Bremsanlage:	Hydraulische Zweikreisbremse, vorn innenbelüftete Scheiben, hi. Trommeln
Radstand (mm):	2550
LxBxH (mm):	4550 x 1755 x 1310
Leergewicht (kg):	ab 1160 trocken
Höchstgeschwindigkeit:	155 km/h
Stückzahl:	271.322 Exemplare
Preis:	DM 18.775,– (Coupé 2,3) DM 19.365,– (Fastback Coupé 2,3) DM 19.870,– (Coupé Ghia 2,3) DM 20.320,– (Ghia Fb. Coupé 2,3) DM 24.030,– (Cobra Coupé Turbo)
Weitere Motoren:	R4–2,3-Liter, 88 PS R4–2,3-Liter-Turbo, 116PS V8–4,2-Liter, 118 PS
Weitere Getriebe:	4-Gang-Schaltgetriebe (nicht V8)

1980 Ford Mustang RSX Concept.

1980 Ford Mustang Cobra.

1981

1981 Ford Mustang Ghia Convertible.

Der 2,3-Liter Turbo, obwohl noch in den Prospekten aufgeführt, wurde nicht mehr verkauft und die Ausstattungsstufe »Sport« entfiel. Auch sonst fielen die Änderungen in diesem Jahr sehr mager aus.

Das »T-Roof« mit den herausnehmbaren Dachhälften gab es nun aber für die dritte Mustang-Generation, und zwar für beide Karosserievarianten. Die wichtigste Neuerung stellte aber das erstmals zu ordernde Fünfgang-Schaltgetriebe dar, das jedoch nur in Kombination mit dem Vierzylinder zu haben war, der Aufpreis lag bei 183 Dollar. Und endlich hatte man die lästige Kurbelei los, elektrische Fensterheber gab's für weitere 152 Extra-Dollar.

Den starken Rückgang der Verkaufszahlen um nochmals 33 Prozent verhinderte das aber nicht.

1981 Mercury Capri RS: Der Mustang für die Mercury-Division. (Foto: Bull-Doser / cc-by-sa)

Modelljahr:	**1981**
Motor:	R6
Bohrung/Hub (mm):	93,52 x 79,4
Hubraum (cm³):	3273
Hubraum (CID):	200
Leistung (PS/kW-min.⁻¹):	94(69)-4000
Verdichtung:	8,6:1
Ventilsteuerung:	OHV, seitliche Nockenwelle
Gemischaufbereitung:	1 Carter Einfachvergaser
Getriebe:	4-Gang-Schaltgetriebe
Bereifung:	175/75R14
Bremsanlage:	Hydraulische Zweikreisbremse, vorn innenbelüftete Scheiben, hi. Trommeln
Radstand (mm):	2550
LxBxH (mm):	4550 x 1755 x 1310
Leergewicht (kg):	ab 1160 trocken
Höchstgeschwindigkeit:	155 km/h
Stückzahl:	182.552 Exemplare
Preis:	DM 21.030,– (Coupé) 2,3-Liter DM 22.567,– (Coupé) 3,3-Liter DM 24.351,– (Coupé) 4,2-Liter Aufpreis Fastback DM 660,– Aufpreis Ghia DM 1236,– DM 26.590,– (Cobra Coupé)
Weitere Motoren:	R4–2,3-Liter, 88 PS V8–4,2-Liter und 115 PS
Weitere Getriebe:	4-Gang-Schaltgetriebe (nicht V8) 5-Gang-Schaltgetriebe (nur R4)

1982

Modelljahr:	1982
Motor:	R6
Bohrung/Hub (mm):	93,52 x 79,4
Hubraum (cm³):	3273
Hubraum (CID):	200
Leistung (PS/kW-min.$^{-1}$):	94(69)-3800
Verdichtung:	8,6:1
Ventilsteuerung:	OHV, seitliche Nockenwelle
Gemischaufbereitung:	1 Carter Einfachvergaser
Getriebe:	3-Gang-Automatik
Bereifung:	175/75R14
Bremsanlage:	Hydraulische Zweikreisbremse, vorn innenbelüftete Scheiben, hi. Trommeln
Radstand (mm):	2550
LxBxH (mm):	4550 x 1755 x 1310
Leergewicht (kg):	ab 1160 trocken
Höchstgeschwindigkeit:	150 km/h
Stückzahl:	130.418 Exemplare
Preis:	DM 28.305,– (L-Coupé) 2,3-Liter DM 28.915,– (GL-Coupé) 2,3-Liter DM 31.667,– (GL-Coupé) 3,3-l-Automatik DM 33.963,– (GL-Coupé) 4,2-l-Automatik Aufpreis Fastback ab DM 1015,– Aufpreis GLX ab DM 895,–
Weitere Motoren:	R4–2,3-Liter, 88 PS V8–4,2-Liter, 120 PS V8–4,9-Liter, 157 PS
Weitere Getriebe:	4-Gang-Schaltgetriebe (nur R4) 5-Gang-Schaltgetriebe (nur R4)

Eine abermalige Erhöhung ließ den Preis für das Basismodell auf 6345 Dollar klettern. Kostete das hälftig abnehmbare Dach im Vorjahr noch 916 Dollar, stieg dieser Aufpreis für 1982 auf 1021 Dollar.

Die Ausstattungslinien wurden neu sortiert, es gab jetzt die Basisausführung »L«, den »GL«, und die luxuriöseste Linie hieß jetzt »GLX«. Als sportliche Variante kam der »GT« hinzu, letztere mit dem wieder erhältlichen Fünfliter-V8, wobei diese Maschine auch allen anderen Ausführungen zur Verfügung stand. Andere Steuerzeiten, eine überarbeitete Nockenwelle und eine doppelte Rollensteuerkette, sorgten für einen Zuwachs an Motorleistung. Serie waren Reifen der Dimension 185/75R14, optional die TRX von Michelin.

Der GT unterschied sich durch einen anderen Kühlergrill mit zwei dicken Lamellen, eine nach vorne gerichtete Lufthutze, ein zusätzlicher vorderer Lufteinlass sowie der Heckspoiler des 79er Pace Cars sorgten für den sportlichen Touch; doch das half auch nicht viel: Die Verkaufszahlen befanden sich auf Talfahrt, Ford verlor erneut fast 30 Prozent gegenüber dem Vorjahr.

1982 Ford Mustang GT.

1983

1983 Ford Mustang GT 5.0 T-Roof.

Modelljahr:	1983
Motor:	V6
Bohrung/Hub (mm):	96,52 x 86,36
Hubraum (cm³):	3791
Leistung (PS/kW-min.⁻¹):	112(82)-4000
Verdichtung:	8,7:1
Ventilsteuerung:	OHV, Zentrale Nockenwelle
Gemischaufbereitung:	1 Ford Doppelvergaser
Getriebe:	3-Gang-Automatik
Bereifung:	185/75R14
Bremsanlage:	Hydraulische Zweikreisbremse, vorn innenbelüftete Scheiben, hi. Trommeln
Radstand (mm):	2550
LxBxH (mm):	4550 x 1755 x 1310
Leergewicht (kg):	ab 1220 trocken
Höchstgeschwindigkeit:	170 km/h
Stückzahl:	120.873 Exemplare
Preis:	k.A.
Weitere Motoren:	R4–2,3-Liter, 90 PS R4–2,3-l-Turbo, 145 PS V8–4,9-Liter, 175 PS
Weitere Getriebe:	4-Gang-Schaltgetriebe (nicht V6) 5-Gang-Schaltgetriebe (nicht V6)

1983 war das erste Restyling der Generation III fällig. Die Scheinwerferanordnung und der Kühlergrill wurden stark verändert. Auch die Heckleuchten wiesen ein neues Design auf. Trotzdem stellten die 83er-Modelle einen traurigen Rekord auf: Noch nie verkaufte sich der Mustang schlechter als in diesem Modelljahr – und das trotz der neuen Karosserievariante: Erstmals seit 1974 gab es wieder ein Cabriolet; der Convertible war in den Ausstattungslinien »GL« und »GT« erhältlich.

Neuerungen auch unter der Haube, der antiquierte Reihensechszylinder segnete das Zeitliche und wurde durch einen zeitgemäßeren 3,8-Liter-V6 ersetzt, der außerdem 25 PS mehr Leistung brachte. Und es gab wieder einen 2,3-Liter-Turbo, dieses Mal standfest und 145 PS stark.

Ein weiteres Highlight stellte der Fünfliter-V8 dar. Mit einem elektronischen Holley-Vierfachvergaser auf einem Alu-Ansaugtrakt leistete dieses Kraftpaket jetzt 175 PS (»High Output«). Hier waren Reifen der Dimension 205/70R14 serienmäßig, die optionalen Michelins wurden in der Größe 220/55TR390 ausgeliefert.

Ford stellte die Motorbezeichnungen nun auf die metrischen Größenangaben um und verwendete europäische Hubraum-Bezeichnungen, die CID-Angaben hatten ausgedient. Nach 1983 erfolgte übrigens nach Deutschland kein offizieller Import mehr, das führte zu einem Anstieg der Eigenimporte. Die Stuttgarter Schwabengarage importierte weiterhin mit Hilfe der Kölner US-Abteilung amerikanische Fords, hauptsächlich für die in Deutschland stationierten GIs.

1983 Ford Mustang Convertible GT.

1984

1984 Ford Mustang SVO.

Mit nur geringfügigen optischen Änderungen ging der Mustang ins Modelljahr 1984. Inzwischen lag der Grundpreis bei 7089 Dollar, das Cabrio in LX-Ausführung kostete schon 11.840 Scheine. Folgende Ausstattungslinien standen zur Verfügung:

»L«, »LX«, »GT« und »SVO« (»Special Vehicle Operations«); letztere stand für schlappe $ 15.585,– in der Liste und hatte den 2,3-Liter-Turbo, diesmal aber mit Ladeluftkühlung. Der Ladedruck wurde elektronisch gesteuert.

Mit 175 PS war der SVO so stark wie der große Fünfliter-V8. Zu haben war der heiße Mustang – zu erkennen an der eigenständigen Front mit bündig abschließenden Scheinwerfern und einem Grill, der nur aus zwei Kühleröffnungen bestand – ab Modelljahresmitte. Dazu kam noch eine asymmetrische Lufthutze auf der Motorhaube. All das verbesserte auch den c_w-Wert. Einstellbare Koni-Dämpfer vorn, eine »Quadra-Shock« genannte Doppeldämpferanlage an der Hinterachse, Siebenzoll-LM-Räder mit einer Reifengröße von 225/60VR15 gehörten ebenso zum SVO-Paket wie das Lederlenkrad und die Vordersitze mit einstellbarer Lendenwirbelstütze.

Die Turbo-Ausführungen konnten nur mit der Fünfgang-Schaltbox kombiniert werden, für die – nun mit Zentraleinspritzung lieferbare – V6-Maschine gab es wahlweise eine Viergang-Automatik (Overdrive).

Beim Fünfliter erfolgte die Gemischaufbereitung über den Vierfachvergaser von Holley (175 PS) oder aber per elektronischer Einspritzung (165 PS). Für bestimmte Exportmärkte bot Ford auch eine 205-PS-Version an. Alle Motoren wurden nun mit der vierten Generation der EEC (Electronic Engine Control) ausgerüstet.

Zum 20. Geburtstag des Mustangs legte Ford dann die »Anniversary-Modelle« auf, zumeist GT-Ausführungen. Dazu gab es noch 15 »VIP«-Modelle, und sogar im Zweigwerk in Kanada wurden noch 245 Geburtstagsausführungen hergestellt. Insgesamt kam man so, laut Register, auf 5260 Fahrzeuge, bestückt entweder mit dem 2,3-Liter Turbo mit Ladeluftkühler oder dem Fünfliter-V8 HO (High Output). Aufkleber mit der Aufschrift »GT-350« sollten dabei an die legendären Shelby-Modelle erinnern.

Ford entschloss sich, die Cabrios der dritten Generation ab 1984 wieder selbst zu bauen; bisher wurden sie bei »Cars & Concepts« im Lohnauftrag gefertigt. Immerhin gingen die Absatzzahlen wieder etwas nach oben.

1984 Ford Mustang turbo GT Convertible 20th Anniversary.

Modelljahr:	**1984**
Motor:	V6
Bohrung/Hub (mm):	96,52 x 86,36
Hubraum (cm³):	3791
Leistung (PS/kW-min.⁻¹):	120(88)-3600
Verdichtung:	8,6:1
Ventilsteuerung:	OHV, Zentrale Nockenwelle
Gemischaufbereitung:	Zentraleinspritzung
Getriebe:	3-Gang-Automatik
Bereifung:	175/75R14
Bremsanlage:	Hydraulische Zweikreisbremse, vorn innenbelüftete Scheiben, hi. Trommeln
Radstand (mm):	2550
LxBxH (mm):	4550 x 1755 x 1310
Leergewicht (kg):	ab 1220 trocken
Höchstgeschwindigkeit:	170 km/h
Stückzahl:	141.480 Ex. + 5260 20th Anniversary
Preis:	k.A.
Weitere Motoren:	R4–2,3-Liter, 88 PS R4–2,3-l-Turbo, 145 PS R4–2,3-l-Turbo, 175 PS V8–5,0-Liter, 165 PS V8–5,0-Liter, 175 PS
Weitere Getriebe:	4-Gang-Schaltgetriebe (nicht 3,8 l) 5-Gang-Schaltgetriebe (nicht 3,8 l) 4-Gang-Automatik

1984 Ford Mustang Convertible.

1985

1985 Ford Mustang Convertible GT.

Die neue Front mit schwarz umrandeten Scheinwerfern machte es leicht, den neuen Modelljahrgang zu erkennen. Dazu kam eine umlaufende, breite schwarze Stoßschutzleiste.

In den Prospekten waren nur noch die Ausstattungslinien »LX«, »GT« und »SVO« zu finden; letzterer war dank des auf Benzineinspritzung umgestellten 2,3-Liter-Turbos 200 PS stark und über 200 km/h schnell. Die Fünfgang-Schaltbox blieb dem Turbo, die V6-Maschine erhielt bereits ab Werk die Viergang-Automatik (Overdrive). Und den GT-Modellen spendierte Ford das Lederlenkrad des SVO.

Beim V8 kam eine zweiflutige Auspuffanlage aus rostfreiem Stahl zum Einsatz, auch eine schärfere Nockenwelle wurde montiert. Damit stieg die Leistung auf 210 PS, sofern der Motor mit dem Holley-Vergaser und dem Fünfganggetriebe ausgerüstet wurde. Mit Zentraleinspritzung und Viergang-Automatik lagen immer noch 180 PS an.

Die Michelin-TRX-Pneus entfielen, an ihre Stelle traten die besser mit dem Chassis harmonierenden Goodyear Eagle.

Modelljahr:	**1985**
Motor:	V6
Bohrung/Hub (mm):	96,52 x 86,36
Hubraum (cm³):	3791
Leistung (PS/kW-min.⁻¹):	120(88)-3600
Verdichtung:	8,6:1
Ventilsteuerung:	OHV, Zentrale Nockenwelle
Gemischaufbereitung:	Zentraleinspritzung
Getriebe:	4-Gang-Automatik
Bereifung:	175/75R14
Bremsanlage:	Hydraulische Zweikreisbremse, vorn innenbelüftete Scheiben, hi. Trommeln
Radstand (mm):	2550
LxBxH (mm):	4550 x 1755 x 1310
Leergewicht (kg):	ab 1220 trocken
Höchstgeschwindigkeit:	170 km/h
Stückzahl:	156.514 Exemplare
Preis:	k.A.
Weitere Motoren:	R4–2,3-Liter, 88 PS R4–2,3-l-Turbo, 200 PS V8–4,9-Liter, 180 PS V8–4,9-Liter, 210 PS
Weitere Getriebe:	4-Gang-Schaltgetriebe (nur 2,3 l) 5-Gang-Schaltgetriebe (nicht 3,8 l) 3-Gang-Automatik (2,3 l)

1985 Ford Mustang GT 5.0L.

1986

1986 Ford Mustang LX Hatchback.

Für 1986 gab es kaum optische Neuerungen. Trotzdem stieg die Zahl der verkauften Fahrzeuge um satte 43 Prozent auf weit über 220.000 Exemplare an. Die Ausstattungslinien blieben gleich, doch der SVO sah sein letztes Jahr. Viel zu teuer, bot der V8 die gleiche Leistung bei geringfügig höherem Verbrauch.

Am unteren Ende der Modellpalette wurde der Basis-Vierzylinder vom einzelnen Carter-Fallstromvergaser endlich auf Zentraleinspritzung umgestellt. Das verbesserte die Abgaswerte und senkte den Verbrauch, in der Leistung machte sich das nicht bemerkbar.

Der Fünfliter erhielt nun eine modernere Mehrpunkt-Einspritzanlage anstelle der bisherigen Zentraleinspritzung; die Leistung lag jetzt mit beiden Getrieben einheitlich bei 200 PS. Der Holley-Vergaser hatte ausgedient.

Dennoch: Es stand nicht gut um den Mustang, intern gab es sogar Überlegungen, bei der nächsten Generation auf Frontantrieb umzuschwenken. Dieses Fahrzeug kam dann als Ford Probe auf den Markt.

Modelljahr:	**1986**
Motor:	V6
Bohrung/Hub (mm):	96,52 x 86,36
Hubraum (cm^3):	3791
Leistung (PS/kW-min.$^{-1}$):	120(88)-3600
Verdichtung:	8,6:1
Ventilsteuerung:	OHV, Zentrale Nockenwelle
Gemischaufbereitung:	Zentraleinspritzung
Getriebe:	4-Gang-Automatik
Bereifung:	175/75R14
Bremsanlage:	Hydraulische Zweikreisbremse, vorn innenbelüftete Scheiben, hi. Trommeln
Radstand (mm):	2550
LxBxH (mm):	4550 x 1755 x 1310
Leergewicht (kg):	ab 1230 trocken
Höchstgeschwindigkeit:	170 km/h
Stückzahl:	224.410 Exemplare
Preis:	k.A.
Weitere Motoren:	R4–2,3-Liter, 88 PS R4–2,3-l-Turbo, 200 PS V8–4,9-Liter, 200 PS
Weitere Getriebe:	4-Gang-Schaltgetriebe (2,3 l) 5-Gang-Schaltgetr. (nicht 3,8 l) 3-Gang-Automatik (2,3 l)

1986 Ford Mustang Hatchback und Convertible GT.

1987

Modelljahr:	1987
Motor:	V8
Bohrung/Hub (mm):	101,6 x 76,2
Hubraum (cm^3):	4942
Leistung (PS/kW-min.$^{-1}$):	225(165)-4200
Verdichtung:	9,2:1
Ventilsteuerung:	OHV, Zentrale Nockenwelle
Gemischaufbereitung:	Elektronische Benzineinspritzung
Getriebe:	5-Gang-Schaltgetriebe
Bereifung:	225/60VR15
Bremsanlage:	Hydraulische Zweikreisbremse, vorn innenbelüftete Scheiben, hi. Trommeln
Radstand (mm):	2555
LxBxH (mm):	4565 x 1755 x 1325
Leergewicht (kg):	ab 1235 trocken
Höchstgeschwindigkeit:	210 km/h
Stückzahl:	159.145 Exemplare
Preis:	k.A.
Weitere Motoren:	R4–2,3-Liter, 90 PS
Weitere Getriebe:	4-Gang-Automatik

1987 Ford Mustang GT Hatchback.

Großes Facelift für 1987 mit wiederum neuer Front, erkennbar an den bündig eingefügten Scheinwerfergehäusen und dem unterhalb der Stoßleiste liegenden Kühllufteinlass. Die Motorhaube wurde verlängert und zwischen die Scheinwerfer heruntergezogen. Der GT hatte Nebelscheinwerfer in der Frontschürze und wichtig aussehende Lufteinlässe zur Bremsenkühlung. Auffallend waren auch die neuen, stark verrippten Rückleuchten. Nur die Fastback-Versionen erhielten den massiven Heckspoiler und ein anderes Armaturenbrett-Design.

Lieferbar noch immer als Hardtop, Fastback und Convertible, hatte Ford die Ausstattungslinien auf LX und GT zusammengestrichen. Die Preise bewegten sich zwischen 8271 (LX Hardtop) und 15.852 Dollar (GT Convertible); der V8 kostete 1885 Dollar Aufpreis. Standard war immer noch der 2,3-Liter mit mageren 88 PS. Der 3,8-Liter entfiel, der V8 erhielt die Zylinderköpfe des Pick-up und größere Ansaugkanäle, was die Leistung auf 225 PS und die Höchstgeschwindigkeit auf 210 km/h hob.

Feinarbeit steckte im Fahrwerk, viele Neuerungen – etwa den im Durchmesser vergrößerten hinteren Kurvenstabilisator und die neue Geometrie durch Änderungen an Spur und Sturz – kannte man schon vom SVO. Der Rest war Kosmetik, dazu gehörte auch das Raddesign.

1988

Es blieb auch im Modelljahr 1988 bei fünf möglichen Kombinationen von Karosserie und Ausstattung, nämlich »LX« als Hardtop, Hatchback (Fastback) und Convertible sowie »GT« als Hatchback und Convertible. Dafür rief Ford Preise zwischen 8835 und 16.610 Dollar auf; für den Fünfliter-V8 mussten nochmals 2007 grüne Scheine über den Tresen geschoben werden. Obwohl die »T-Roof«-Option am Ende des Modelljahres 1987 entfiel, soll es einige wenige 88er gegeben haben, die noch die herausnehmbaren Dachhälften aufwiesen.

Die kosmetischen Änderungen waren marginal, dennoch stiegen die Mustang-Verkaufszahlen um gut ein Drittel gegenüber dem Vorjahr.

Auf Basis des Convertible baute die Firma ASC einen offenen Zweisitzer mit voll versenkbarem Verdeck, den McLaren mit seinem Namen adelte. Das Projekt hatte mit Ford-Unterstützung 1983 auf Basis des Mercury Capri begonnen, nach dem Auslaufen des Capri baute ASC dann ausschließlich Mustang-Cabriolets. Im besten Jahr, 1988, wurden 1015 dieser Zweisitzer zum Preis von rund 25.000 Dollar verkauft. Die Produktion endete zum Modelljahr 1991.

Modelljahr:	**1988**
Motor:	V8
Bohrung/Hub (mm):	101,6 x 76,2
Hubraum (cm³):	4942
Leistung (PS/kW-min.⁻¹):	225(165)-4200
Verdichtung:	9,2:1
Ventilsteuerung:	OHV, Zentrale Nockenwelle
Gemischaufbereitung:	Elektronische Benzineinspritzung
Getriebe:	5-Gang-Schaltgetriebe
Bereifung:	225/60VR15
Bremsanlage:	Hydraulische Zweikreisbremse, vorn innenbelüftete Scheiben, hi. Trommeln
Radstand (mm):	2555
LxBxH (mm):	4565 x 1755 x 1325
Leergewicht (kg):	ab 1235 trocken
Höchstgeschwindigkeit:	210 km/h
Stückzahl:	211.225 Exemplare
Preis:	k.A.
Weitere Motoren:	R4–2,3-Liter, 90 PS
Weitere Getriebe:	4-Gang-Automatik

1988 Limited Edition ASC/McLaren Convertible. (Abb.: ASC)

1989

Wiederum nur minimale kosmetische Änderungen. Den bislang optional angebotenen V8 gab es nun offiziell auch für die LX-Ausstattung, was es erlaubte, den happigen Aufpreis von 3215 Dollar besser zu verstecken. Überhaupt hatte Ford seit 1987 die Liste aufpreispflichtiger Extras massiv zusammengestrichen. Die Anzahl der verkauften Modelle pendelte sich bei über 200.000 Einheiten ein.

Modelljahr:	**1989**
Motor:	V8
Bohrung/Hub (mm):	101,6 x 76,2
Hubraum (cm^3):	4942
Leistung (PS/kW-min.$^{-1}$):	225(165)-4200
Verdichtung:	9,2:1
Ventilsteuerung:	OHV, Zentrale Nockenwelle
Gemischaufbereitung:	Elektronische Benzineinspritzung
Getriebe:	5-Gang-Schaltgetriebe
Bereifung:	225/60VR15
Bremsanlage:	Hydraulische Zweikreisbremse, vorn innenbelüftete Scheiben, hi. Trommeln
Radstand (mm):	2555
LxBxH (mm):	4565 x 1755 x 1325
Leergewicht (kg):	ab 1235 trocken
Höchstgeschwindigkeit:	210 km/h
Stückzahl:	209.769 Exemplare
Preis:	k.A.
Weitere Motoren:	R4–2,3-Liter, 90 PS
Weitere Getriebe:	4-Gang-Automatik

1989 Ford Mustang LX Convertible.

1990

Modelljahr:	1990
Motor:	V8
Bohrung/Hub (mm):	101,6 x 76,2
Hubraum (cm³):	4942
Leistung (PS/kW-min.⁻¹):	225(165)-4200
Verdichtung:	9,2:1
Ventilsteuerung:	OHV, Zentrale Nockenwelle
Gemischaufbereitung:	Elektronische Benzineinspritzung
Getriebe:	5-Gang-Schaltgetriebe
Bereifung:	225/60VR15
Bremsanlage:	Hydraulische Zweikreisbremse, vorn innenbelüftete Scheiben, hi. Trommeln
Radstand (mm):	2555
LxBxH (mm):	4565 x 1755 x 1325
Leergewicht (kg):	ab 1235 trocken
Höchstgeschwindigkeit:	210 km/h
Stückzahl:	128.189 Exemplare
Preis:	k.A.
Weitere Motoren:	R4–2,3-Liter, 89 PS
Weitere Getriebe:	4-Gang-Automatik

Außer den obligatorischen Preiserhöhungen und einigen Styling-Details gab es keinerlei Änderungen. Beide Baureihen (LX und GT) blieben weiterhin im Programm.

Wichtigste Neuerung für 1990 waren der Fahrerairbag und die neue Tachoskala, die jetzt bis 140 Meilen pro Stunde reichte (vorher reichte sie nur bis 85 mph).

1990 Ford Mustang Modellfamilie.

1990 Ford Mustang Convertible LX 5.0L.

1991

Modelljahr:	1991
Motor:	V8
Bohrung/Hub (mm):	101,6 x 76,2
Hubraum (cm³):	4942
Leistung (PS/kW-min.⁻¹):	225(165)-4200
Verdichtung:	9,2:1
Ventilsteuerung:	OHV, Zentrale Nockenwelle
Gemischaufbereitung:	Elektronische Benzineinspritzung
Getriebe:	5-Gang-Schaltgetriebe
Bereifung:	225/55ZR16
Bremsanlage:	Hydraulische Zweikreisbremse, vorn innenbelüftete Scheiben, hi. Trommeln
Radstand (mm):	2555
LxBxH (mm):	4565 x 1755 x 1325
Leergewicht (kg):	ab 1235 trocken
Höchstgeschwindigkeit:	210 km/h
Stückzahl:	98.737
Preis:	k.A.
Weitere Motoren:	R4–2,3-Liter, 106 PS
Weitere Getriebe:	4-Gang-Automatik

1991 Ford Mustang GT 5.0L.

Ford leistete sich auch in 1991 wieder den Luxus, kaum merkliche Änderungen bei Karosserie und Ausstattungen vorzunehmen. Die Modellreihen LX und GT blieben im gleichen Umfang erhalten.

Auf der technischen Seite gab es jedoch eine wichtige Neuheit zu verzeichnen. Der eher behäbige 2,3-Liter wurde mittels einer Doppelzündung aufgepeppt und leistete nun statt der bisherigen 89 PS deren 106. Das wurde auch höchste Zeit. Außerdem montierte Ford beim GT-Modell Reifen der Größe 225/55ZR16.

1991 Ford Mustang GT 5.0L.

1992

Modelljahr:	1992
Motor:	V8
Bohrung/Hub (mm):	101,6 x 76,2
Hubraum (cm³):	4942
Leistung (PS/kW-min.⁻¹):	225(165)-4200
Verdichtung:	9,2:1
Ventilsteuerung:	OHV, Zentrale Nockenwelle
Gemischaufbereitung:	Elektronische Benzineinspritzung
Getriebe:	5-Gang-Schaltgetriebe
Bereifung:	225/55ZR16
Bremsanlage:	Hydraulische Zweikreisbremse, vorn innenbelüftete Scheiben, hi. Trommeln
Radstand (mm):	2555
LxBxH (mm):	4565 x 1755 x 1325
Leergewicht (kg):	ab 1235 trocken
Höchstgeschwindigkeit:	210 km/h
Stückzahl:	79.657 Exemplare
Preis:	k.A.
Weitere Motoren:	R4–2,3-Liter, 106 PS
Weitere Getriebe:	4-Gang-Automatik

Auch für 1992 gab es wieder nur minimale Änderungen. Dem Hatchback spendierte man geteilt umlegbare Rücksitzlehnen. Die beiden Ausstattungsstufen hießen immer noch LX und GT. Von innen verstellbare Außenspiegel waren in allen Ausführungen Serie.

1992 Ford Mustang GT 5.0L.

1992 Ford Mustang GT Convertible 5.0L.

1992 Ford Mustang GT 5.0L.

1993

Modelljahr:	1993
Motor:	V8
Bohrung/Hub (mm):	101,6 x 76,2
Hubraum (cm^3):	4942
Leistung (PS/kW-min.$^{-1}$):	205(151)-4200
Verdichtung:	9,0:1
Ventilsteuerung:	OHV, Zentrale Nockenwelle
Gemischaufbereitung:	Elektronische Benzineinspritzung
Getriebe:	5-Gang-Schaltgetriebe
Bereifung:	225/55ZR16
Bremsanlage:	Hydraulische Zweikreisbremse, vorn innenbelüftete Scheiben, hi. Trommeln
Radstand (mm):	2555
LxBxH (mm):	4565 x 1755 x 1325
Leergewicht (kg):	ab 1250 trocken
Höchstgeschwindigkeit:	210 km/h
Stückzahl:	114.228 Exemplare
Preis:	k.A.
Weitere Motoren:	R4–2,3-Liter, 106 PS V8–4,9-Liter, 235 PS
Weitere Getriebe:	4-Gang-Automatik

Im letzten Jahr erhielt die Modellfamilie noch einmal Nachwuchs: Der Neuzugang nannte sich »Cobra« und verfügte über einen neuerlich erstarkten Fünfliter-V8 mit jetzt 235 PS. Das Kraftpaket mit Fünfgang-Handschaltung katapultierte das neue Topmodell in nur 5,9 Sekunden auf 97 km/h (US-Messung), damit war die Schlange um rund eine halbe Sekunde schneller als der GT mit dem 225-PS-V8: Mit Fahrleistungen auf Porsche-Niveau rollte die dritte Mustang-Generation dann mit Breitreifen der Dimension 245/45ZR17 in Rente.

Daneben verblassten die sattsam bekannten LX- und GT-Mustangs, Modellpflegemaßnahmen waren in diesem Jahr Mangelware. Immerhin: Ford schob noch zwei Cabrio-Sondermodelle nach, die »Feature Cars«.

Bereits im Vorjahr hatte SAAC (Shelby American Automobile Club) mit Unterstützung von Ford eine Kleinserie von 65 Mustang-Coupés mit einem 295 PS starken V8-Motor versehen und als »SAAC Mk I« in Umlauf gebracht. Die

1993 Ford Mustang Cobra.

Nachfrage war so groß, dass dann im Folgejahr die Mk-II-Serie aufgelegt wurde, jetzt auch als Cabriolet. Auch diese waren im Nu ausverkauft. Diese Varianten bereiteten den V8-Cobras der vierten Mustang-Generation den Weg.

1993 Ford Mustang Cobra.

Generation IV

1994

1994 Ford Mustang Cobra Pace Car.

Die Mustang-Generation IV debütierte im Herbst 1993 und sorgte sofort für Furore. Die ausnehmend hübsch gezeichnete Karosserie mit eher europäisch anmutender Linienführung signalisierte den radikalen Bruch mit den Vorgängern, zumindest optisch. Technisch nämlich blieb es bei der hinteren Starrachse, im Prinzip nutzte das Projekt »SN95« die sattsam bekannte Fox-Plattform des Vorgängers, wenn auch mit Schraubenfedern und neuer hinterer Radaufhängung. Dazu kamen Kurvenstabilisatoren an beiden Achsen. Stickstoffgefüllte Stoßdämpfer, geänderte McPherson-Federbeine vorn sowie eine etwas verbreiterte Spur verbesserten das Handling.

Die Einstiegsmotorisierung bildete nun ein 3,8-Liter-V6 mit Einspritzung und 145 PS. Standard-Bereifung war hier die Größe 205/65R15, die Räder maßen vorn 6,5 Zoll, hinten 7 Zoll.

Den Fünfliter-V8 gab's wieder in zwei Leistungsstufen, mit 215 PS und – als Cobra – mit 240 PS. Letztere behielt die Reifengröße 245/45ZR17, rollte aber auf 7,5 Zoll breiten Leichtmetall-Rädern. Beide sequentiell eingespritzte Motoren verfügten über das EEC der fünften Generation.

Die beiden Ausstattungslinien hießen jetzt schlicht »Mustang« und »Mustang GT«; letztere serienmäßig mit dem V8 HO. Der »Cobra« fungierte wieder als eigenständiges Topmodell. Verzögert wurde über Scheibenbremsen, vorn waren sie belüftet. Ein Bosch-ABS stand in der Aufpreisliste. Weitere wichtige Neuerungen stellten die beiden elektrisch verstellbaren Außenspiegel, eine separate Belüftung für die Seitenscheiben sowie das »Mach 460«-Soundsystem mit 460 Watt Spitzenleistung und zwei 85-Watt-Subwoofern, acht Lautsprechern, Kassettendeck oder CD-Player dar. Der GT hatte Nebelscheinwerfer, das Cabrio gab's auch mit Hardtop.

Die Maße waren geringfügig gewachsen, frische Leichtmetall-Raddesigns und eine Auspuffanlage aus rostfreiem Stahl (beim V6 ein Strang, beim V8 zwei Stränge) vervollständigten den neuen Auftritt. Die Kundschaft konnte aus insgesamt elf Außenfarben und fünf Innenausstattungen wählen.

Modelljahr:	**1994**
Motor:	V8
Bohrung/Hub (mm):	101,6 x 76,2
Hubraum (cm^3):	4942
Leistung (PS/kW-$min.^{-1}$):	218(160)-4200
Verdichtung:	9,0:1
Ventilsteuerung:	OHV, Zentrale Nockenwelle
Gemischaufbereitung:	Elektronische Benzineinspritzung
Getriebe:	5-Gang-Schaltgetriebe
Bereifung:	225/55ZR16, 7-Zoll-Räder
Bremsanlage:	Hydraulisch, Scheiben rundum
Radstand (mm):	2570
LxBxH (mm):	4610 x 1825 x 1340
Leergewicht (kg):	ab 1485 trocken
Höchstgeschwindigkeit:	220 km/h
Stückzahl:	137.073 Exemplare
Preis:	k.A.
Weitere Motoren:	V6–3,8-Liter, 145 PS V8–5,0-Liter, 240 PS
Weitere Getriebe:	4-Gang-Automatik

1994 Mustang GT Convertible.

1995

Die Generation IV brillierte mit einem umfangreichen Sicherheitspaket, das erstmals auch einen Seitenaufprallschutz umfasste. Die Kehrseite der vielen strukturellen Verstärkungen war allerdings das deutlich gestiegene Fahrzeuggewicht. Neu und schön übersichtlich geriet der Arbeitsplatz des Fahrers, die Instrumente waren ergonomisch sauber angeordnet und leicht ablesbar. Die Tachoskala reichte bis 150 Meilen. Fein konturierte Sportsitze sorgten für guten Seitenhalt.

Das »Car of the Year 1994« der Zeitschrift *Motor Trend* – zu haben als Coupé und Cabrio – ging praktisch unverändert in das neue Modelljahr, die Bilder in den Prospekten waren zumeist identisch mit denen des Vorjahres. Kleinigkeiten hatten sich dennoch geändert, und in Zweifelsfällen half ein Blick auf die Fahrzeug-Identifizierungsnummer: Der Buchstabe »R« stand für 1994, »S« für 1995.

Nach einem Jahr Pause stellte Ford den beiden Ausstattungslinien »Mustang« und »GT« eine »Cobra R«-Version zur Seite, der Production Racer hatte den 351er Motor und 300 PS.

Modelljahr:	**1995**
Motor:	V8
Bohrung/Hub (mm):	101,6 x 76,2
Hubraum (cm^3):	4942
Leistung (PS/kW-$min.^{-1}$):	218(160)-4200
Verdichtung:	9,0:1
Ventilsteuerung:	OHV, Zentrale Nockenwelle
Gemischaufbereitung:	Elektronische Benzineinspritzung
Getriebe:	5-Gang-Schaltgetriebe
Bereifung:	225/55ZR16, 7-Zoll-Räder
Bremsanlage:	Hydraulisch, Scheiben rundum
Radstand (mm):	2570
LxBxH (mm):	4610 x 1825 x 1340
Leergewicht (kg):	ab 1485 trocken
Höchstgeschwindigkeit:	220 km/h
Stückzahl:	185.986 Exemplare
Preis:	k.A.
Weitere Motoren:	V6–3,8-Liter, 145 PS V8–5,0-Liter, 240 PS
Weitere Getriebe:	4-Gang-Automatik

1996/1997

Optisch nahezu unverändert – abgesehen von den lange geforderten Klarglas-Rückleuchten – ging der Mustang ins nächste Modelljahr.

Unter der Blechhaube aber hatte sich eine Revolution vollzogen, zumindest bei den stärkeren Ausführungen: Hier kam ein neuer 4,6-Liter-V8 zum Einsatz, zu haben mit zwei verschiedenen Zylinderköpfen. Der »GT« hatte einen OHC-Kopf, also nur eine obenliegende Nockenwelle und 218 PS, während der »Cobra« einen DOHC-Kopf aufwies. Der 32-Ventiler schob mit 309 PS den Asphalt nach hinten. Ihn gab es ausschließlich in Verbindung mit dem neuen Fünfgang-Schaltgetriebe, ebenso serienmäßig waren Reifen der Dimension 245/45ZR17 auf 8-Zoll-LM-Rädern. Das Bosch-ABS musste nach wie vor extra bezahlt werden. Keine Änderungen gegenüber dem Vorjahr ergaben sich im Modellangebot, und die einzig sichtbare Änderung im Modelljahr 1997 bestand in den neuen Rädern mit jeweils fünf Doppelspeichen beim GT.

Modelljahr:	1996 und 1997
Motor:	V8
Bohrung/Hub (mm):	90,2 x 90,0
Hubraum (cm^3):	4601
Leistung (PS/kW-min.$^{-1}$):	218(160)-4400
Verdichtung:	9,0:1
Ventilsteuerung:	OHC
Gemischaufbereitung:	Elektronische Benzineinspritzung
Getriebe:	5-Gang-Schaltgetriebe
Bereifung:	225/55ZR17, 7-Zoll-Räder
Bremsanlage:	Hydraulisch, Scheiben rundum
Radstand (mm):	2570
LxBxH (mm):	4610 x 1825 x 1340
Leergewicht (kg):	ab 1460 trocken
Höchstgeschwindigkeit:	220 km/h
Stückzahl:	136.980 Exemplare 1996 108.344 Exemplare 1997
Preis:	k.A.
Weitere Motoren:	V6–3,8-Liter, 150 PS V8–4,6-Liter, 309 PS
Weitere Getriebe:	4-Gang-Automatik

1996 Ford Mustang GT.

1997 Ford Mustang Convertible.

1998

1998 Ford Mustang GT Convertible.

Wieder nur kleine Änderungen für 1998: Ein etwas größerer Kühllufteinlass für die geänderte Kühlanlage sowie eine Leistungserhöhung beim OHC-V8 auf 228 PS bei 4750 Umdrehungen sowie die 245er-Reifen vom Cobra für den GT machten den Unterschied. Die beiden Karosserievarianten Coupé und Cabrio sowie die Ausführungen »Standard«, »GT« und das »Cobra«-Paket mit dem starken Vierventil-V8 blieben gleich. Der Cobra sprintete in 5,5 Sekunden von 0 auf 100 km/h und bekam noch ein neues Raddesign mit fünf Speichen.

Modelljahr:	**1998**
Motor:	V8
Bohrung/Hub (mm):	90,2 x 90,0
Hubraum (cm³):	4601
Leistung (PS/kW-min.⁻¹):	228(168)-4750
Verdichtung:	9,0:1
Ventilsteuerung:	OHC
Gemischaufbereitung:	Elektronische Benzineinspritzung
Getriebe:	5-Gang-Schaltgetriebe
Bereifung:	245/45ZR17, 7,5-/8-Zoll-Räder
Bremsanlage:	Hydraulisch, Scheiben rundum
Radstand (mm):	2570
LxBxH (mm):	4610 x 1825 x 1340
Leergewicht (kg):	ab 1490 trocken
Höchstgeschwindigkeit:	220 km/h
Stückzahl:	174.522 Exemplare
Preis:	k.A.
Weitere Motoren:	V6–3,8-Liter, 150 PS V8–4,6-Liter, 309 PS
Weitere Getriebe:	4-Gang-Automatik

1999/2000

Modelljahr:	1999 und 2000
Motor:	V8
Bohrung/Hub (mm):	90,2 x 90,0
Hubraum (cm³):	4601
Leistung (PS/kW-min.⁻¹):	264(194)-5250
Verdichtung:	9,0:1
Ventilsteuerung:	OHC
Gemischaufbereitung:	Elektronische Benzineinspritzung
Getriebe:	5-Gang-Schaltgetriebe
Bereifung:	245/45ZR17, 7,5-/8-Zoll-Räder
Bremsanlage:	Hydraulisch, Scheiben rundum
Radstand (mm):	2575
LxBxH (mm):	4655 x 1855 x 1350
Leergewicht (kg):	ab 1490 trocken
Höchstgeschwindigkeit:	220 km/h
Stückzahl:	133.907 Exemplare 1999 218.525 Exemplare 2000
Preis:	k.A.
Weitere Motoren:	V6–3,8-Liter, 193 PS V8–4,6-Liter, 324 PS
Weitere Getriebe:	4-Gang-Automatik

Ein leichtes Facelift brachte kantigere Flanken und einen höheren Lufteinlass vor der Hinterachse. Im Grill sah man jetzt ein umrandetes Mustang-Emblem und im hinteren Stoßfänger einen ganz leicht angedeuteten Diffusor sowie einen integrierten Lufteinlass in der Mitte der Motorhaube.

Alle 99er Mustangs erhielten ein Emblem mit der Aufschrift »35th Anniversary«. Neue Bremsen mit Doppelkolben vorn sowie eine Lenkanlage, die mehr Präzision vermittelte und darüber hinaus noch einen kleineren Wendekreis aufwies, kamen hinzu.

Motorseitig verpasste Ford dem V6 eine kräftige Leistungsspritze von 150 auf 193 PS durch ein neues »Split-Port«-Ansaugsystem, während die 264 PS beim GT V8 auf Änderungen am Zylinderkopf und neue Nockenwellen mit geänderten Steuerzeiten zurückzuführen waren.

Der Cobra erhielt als erster Mustang überhaupt eine Einzelradaufhängung hinten anstelle der Starrachse, was den nunmehrigen 324 PS auch deutlich angemessener erschien. Diese 324 Pferdestärken standen aber meist nur auf dem Papier, und massive Kundenbeschwerden über Leistungsmangel verursachten einen Rückruf und dann sogar einen Produktionsstopp im Modelljahr 2000. Fahrzeuge in Kundenhand erhielten einen fast komplett neuen Auspuffstrang, ein neues Motormanagement sowie ein anderes Ansaugsystem.

1999 Ford Mustang Convertible und seine Vorgänger.

2001/2002

2002 Ford Mustang GT Premium Convertible.

Erst 2001 kam die Cobra dann mit der gewünschten Leistung auf den Markt. Überdies schuf Ford noch ein weiteres Highlight in Form der »Bullit GT«-Option für üppige 3696 Dollar. Neben Fahrwerksänderungen und einer Brembo-Bremsanlage, die rot durch die Räder schimmerte, beinhaltete diese auch eine kleine Leistungsspritze von etwa 10 PS. Dieses Modell war als Reminiszenz an den Film »Bullitt« von 1968 mit Steve McQueen gedacht.

Eine heizbare Heckscheibe war jetzt endlich bei allen Ausführungen serienmäßig. Außerdem ging Ford dazu über, die ins Uferlose gehende Zahl der Sonderausstattungen in Paketen zusammenzufassen, was den logistischen Aufwand für den Hersteller entsprechend reduzierte. Es gab die Pakete »Standard« »Deluxe« und »Premium«.

Nur kleine Änderungen kennzeichneten den Jahrgang 2002, so wurde der V6-Mustang mit breiteren Reifen der Dimension 225/55R16 auf 7-Zoll-LM-Rädern aufgerüstet. Außerdem gab es gegen Aufpreis eine neue Soundanlage mit dem klangvollen Namen »Mach 1000«.

Modelljahr:	**2001 und 2002**
Motor:	V8
Bohrung/Hub (mm):	90,2 x 90,0
Hubraum (cm^3):	4601
Leistung (PS/kW-$min.^{-1}$):	264(194)-5250
Verdichtung:	9,0:1
Ventilsteuerung:	OHC
Gemischaufbereitung:	Elektronische Benzineinspritzung
Getriebe:	5-Gang-Schaltgetriebe
Bereifung:	245/45ZR17, 7,5-/8-Zoll-Räder
Bremsanlage:	Hydraulisch, Scheiben rundum
Radstand (mm):	2575
LxBxH (mm):	4655 x 1855 x 1350
Leergewicht (kg):	ab 1490
Höchstgeschwindigkeit:	220 km/h
Stückzahl:	163.318 Exemplare 2001 142.647 Exemplare 2002
Preis:	k.A.
Weitere Motoren:	V6–3,8-Liter, 193 PS V8–4,6-Liter, 324 PS
Weitere Getriebe:	4-Gang-Automatik 6-Gang-Schaltgetriebe Cobra R

2001 Ford Mustang Bullitt GT.

2003

Obwohl die Ablösung bereits in Sicht war, wertete Ford den Mustang IV nochmals auf und ordnete die Ausstattungslinien neu: Sie hießen jetzt »Standard«, »GT«, »Mach I« (mit neuen Fünfspeichen-Raddesign) sowie »Cobra«.

Interessanteste Versionen waren der Mach I mit 310 PS sowie der Cobra, der nach einer weiteren Auszeit im Modelljahr 2002 in Form des neuen »Cobra-R« (»R« für »Racing«) ins Programm zurückkehrte. Herzstück war ein Doppelnocken-V8 mit 5,4 Liter Hubraum und fast 400 PS. Bereift mit Pneus der Größe 275/40ZR17 auf 9-Zoll-Spezialrädern, lag die Höchstgeschwindigkeit bei 275 km/h. Hier erfolgte die Kraftübertragung erstmals vermittels Sechsang-Schaltgetriebe. Der Cobra-R hatte eine andere Front sowie eine Motorhaube mit zwei Lufteinlässen.

2003 Ford Mustang SVT Cobra Convertible.

2003 Ford Mustang Mach 1

Modelljahr:	**2003**
Motor:	V8
Bohrung/Hub (mm):	90,2 x 90,0
Hubraum (cm³):	4601
Leistung (PS/kW-min.$^{-1}$):	264(194)-5250
Verdichtung:	9,0:1
Ventilsteuerung:	OHC
Gemischaufbereitung:	Elektronische Benzineinspritzung
Getriebe:	5-Gang-Schaltgetriebe
Bereifung:	245/45ZR17, 7,5-/8-Zoll-Räder
Bremsanlage:	Hydraulisch, Scheiben rundum
Radstand (mm):	2575
LxBxH (mm):	4655 x 1855 x 1350
Leergewicht (kg):	ab 1490 trocken
Höchstgeschwindigkeit:	220 km/h
Stückzahl:	151.328 Exemplare
Preis:	k.A.
Weitere Motoren:	V6–3,8-Liter, 190 PS V8–4,6-Liter, 310 PS V8–5,4-Liter, 395 PS
Weitere Getriebe:	4-Gang-Automatik 6-Gang-Schaltgetriebe (Cobra R)

2004

Modelljahr:	2004
Motor:	V8
Bohrung/Hub (mm):	90,2 x 90,0
Hubraum (cm³):	4601
Leistung (PS/kW-min.⁻¹):	264(194)-5250
Verdichtung:	9,0:1
Ventilsteuerung:	OHC
Gemischaufbereitung:	Elektronische Benzineinspritzung
Getriebe:	5-Gang-Schaltgetriebe
Bereifung:	245/45ZR17, 7,5-/8-Zoll-Räder
Bremsanlage:	Hydraulisch, Scheiben rundum
Radstand (mm):	2575
LxBxH (mm):	4655 x 1855 x 1350
Leergewicht (kg):	ab 1490 trocken
Höchstgeschwindigkeit:	220 km/h
Stückzahl:	141.907 Exemplare
Preis:	k.A.
Weitere Motoren:	V6–3,8-Liter, 190 PS V8–4,6-Liter, 310 PS V8–5,4-Liter, 395 PS
Weitere Getriebe:	4-Gang-Automatik 6-Gang-Schaltgetriebe Cobra R

2004 Ford Mustang 40th Anniversary.

Das letzte Modelljahr 2004 der Generation IV umfasste lediglich den Zeitraum zwischen September 2003 und dem 10. Mai 2004, danach kam der Neue (Generation V) zu den Kunden, jedoch schon als Modell 2005 bezeichnet.

Die Mach I-Modelle für 2004 erschienen als sogenannte »Anniversary Models« zum vierzigsten Mustang-Jubiläum; 6,7 Millionen Mustangs waren seit Frühjahr 1964 gebaut worden.

2004 Ford Mustang SVT Cobra.

2004 Ford Mustang 40th Anniversary.

Generation V

2005

2005 Ford Mustang GT.

Die fünfte Mustang-Generation, präsentiert auf der Detroit Motor Show im Januar 2003, basierte auf einer komplett neuen Bodengruppe, die wiederum für den Einbau einer hinteren Starrachse vorgesehen war und in den Grundzügen vom 2000er Lincoln LS beziehungsweise vom 2002er Thunderbird stammte. Die Optik, verantwortet von Designchef J. Mays, der 1997 J. Telnack abgelöst hatte, interpretierte den 60er-Jahre-Style der Mustang-Modelle 1967/68 und verhalf der Sportwagen-Ikone mit dem Entwicklungscode »S197« zu einem fabelhaften Karosseriekleid, das Chefdesigner May als »retro-futuristic« bezeichnete. Ganz und gar fortschrittlich geriet der Karosseriebau, erstmals fanden Tailored Blanks Verwendung, Bleche verschiedener Stärken. Das sparte Gewicht bei erhöhter Steifigkeit.

Noch mehr Steifigkeit, auch beim erst im Frühjahr 2005 erschienenen Cabrio, brachte eine weitere Verbesserung beim Fahrverhalten und in der Sicherheit.

Auch das Armaturenbrett zitierte die erste Generation, sogar die runden Analoginstrumente und deren Beschriftung verströmten jenen gewissen Retro-Look. Allerdings konnte der Tachohintergrund in 120 verschiedenen Farben beleuchtet werden, das war nun ganz gewiss nicht Retro. Aus dem Lichtschalter war jetzt ein Drehschalter geworden.

Die Basismotorisierung bildete ein brandneuer V6-Vierliter mit OHC-Zylinderkopf. Damit stieg die Leistung auf 210 PS, während der Grundpreis für das Coupé bei knapp unter 20.000 Dollar blieb. Zugelegt hatte der Mustang in Sachen Fahrkomfort und Geräuschdämmung, flüssigkeitsgefüllte Motorlager oder auch Zylinderkopfdeckel aus Verbundmaterial reduzierten Gewicht und Schwingungen. Das Grundmodell rollte auf Reifen der Dimension 215/65R16, wahlweise gab es auch die Größe 235/55R17.

Beim wesentlich überarbeiteten V8-Motor regelten nun 24 Ventile die Gaswechsel, zudem kam eine Nockenwellenverstellung zum Einsatz. Außerdem war der Ansaugtrakt aus Verbundwerkstoff als Schaltsaugrohr gestaltet, was die Drehmomententwicklung im niedrigeren Drehzahlbereich verbesserte. Der Motor selbst bestand komplett aus Aluminium, was wiederum der Gewichtsbilanz zugute kam. Kombiniert mit einem elektronischen Gaspedal, zeigte sich die Antriebseinheit im Verbund mit der neuen Fünfstufen-Automatik vollkommen auf der Höhe der Zeit.

Und ja: »Mister Cobra«, Carroll Shelby, war wieder im Boot. Er unterstützte von Anfang an die Realisierung eines neuen »GT-500«. Auf der New York. Auto Show im März 2005 gestattete Ford dem Publikum erstmals einen Blick auf den kommenden Shelby, der jedoch erst im Sommer 2006 als 2007er-Modell zur Auslieferung gelangte. Aber auch viele andere bekannte Profi-Tuner widmeten sich dem Mustang: Saleen, Roush, Steeda, Kenny Brown – sie und andere Veredler hielten den Mustang-Mythos am Leben.

Modelljahr:	**2005**
Motor:	V8
Bohrung/Hub (mm):	90,2 x 90,0
Hubraum (cm³):	4601
Leistung (PS/kW-min.⁻¹):	300(221)-6000
Verdichtung:	9,8:1
Ventilsteuerung:	OHC
Gemischaufbereitung:	Elektronische Benzineinspritzung
Getriebe:	5-Gang-Schaltgetriebe
Bereifung:	235/55R17, 8-Zoll-Räder
Bremsanlage:	Hydraulisch, Scheiben rundum
Radstand (mm):	2720
LxBxH (mm):	4765 x 1875 x 1385
Leergewicht (kg):	ab 1565 trocken
Höchstgeschwindigkeit:	230 km/h
Stückzahl:	160.412 Exemplare
Preis:	k.A.
Weitere Motoren:	V6–4,0-Liter, 210 PS
Weitere Getriebe:	5-Gang-Automatik

2005 Ford Mustang GT Convertible.

2006

Modelljahr:	**2006**
Motor:	V8
Bohrung/Hub (mm):	90,2 x 90,0
Hubraum (cm^3):	4601
Leistung (PS/kW-min.$^{-1}$):	300(221)-6000
Verdichtung:	9,8:1
Ventilsteuerung:	OHC
Gemischaufbereitung:	Elektronische Benzineinspritzung
Getriebe:	5-Gang-Schaltgetriebe
Bereifung:	235/55R17, 8-Zoll-Räder
Bremsanlage:	Hydraulisch, Scheiben rundum, rundum innenbelüftet
Radstand (mm):	2720
LxBxH (mm):	4765 x 1875 x 1385
Leergewicht (kg):	ab 1565 trocken
Höchstgeschwindigkeit:	230 km/h
Stückzahl:	165.762 Exemplare
Preis:	k.A.
Weitere Motoren:	V6–4,0-Liter, 210 PS
Weitere Getriebe:	5-Gang-Automatik

Für das zweite Modelljahr der Generation V waren keine großen Neuigkeiten zu erwarten gewesen. Neu war das Ausstattungspaket »Pony Package« für den V6, gekennzeichnet durch einen Kühlergrill im Stil des 67er Mustang, ein verbessertes Fahrwerk, Heckspoiler und 17-Zoll-Räder; wahlweise gab es 18-Zoll-Räder für den GT-V8. Außerdem kamen neue Lackfarben.

Ausschließlich für den Autovermieter Hertz, für den Shelby schon in den 60er-Jahren eine Mustang-Sonderserie gebaut hatte, entstand der »Shelby GT-H«. Die neue »Hertz-Edition« war wieder schwarz lackiert und wies goldfarbene Streifen über die Oberseite der ganzen Karosserie auf.

Der »normale« Shelby, der GT-500, debütierte im Januar 2006 auf der Detroit Motor Show. Er hatte 5,4 Liter Hubraum, 475 PS und ein Sechsgang-Tremec-Schaltgetriebe; die Markteinführung erfolgte aber erst für das Modelljahr 2007.

2006 Ford Mustang GT mit Pony-Package.

2006 Ford Mustang Shelby GT-H.

2006 Ford Mustang V6.

2007 Ford Mustang Shelby GT mit Caroll Shelby.

Beim V6 war bis auf marginale Änderungen alles gleich geblieben. Den 4,6-Liter-V8 gab es jetzt in einer weiteren Leistungsstufe mit 330 PS als »Shelby GT«, welcher einen anderen Kühlergrill, zahlreiche Renn-Gimmicks sowie die beiden traditionellen Streifen über die ganze Länge der Karosse aufwies. Als neue Optionen gab es eine vordere Sitzheizung und ein Satelliten-Radio.

Der für den Autovermieter Hertz gebaute GT-H konnte sogar als Cabrio geliefert werden. Der GT-500 ging jetzt in den Verkauf, die Kunden honorierten das Topmodell mit einer sagenhaften Verkaufszahl von 10.864 Exemplaren. Die 5,4-Liter-Rennmaschine leistete jetzt 500 PS und ging über 270 km/h. Shelby bot überdies noch zwei Performance-Pakete an, passenderweise »Super Snake« genannt. Die Umrüstung erfolgte jedoch nach der Zulassung der Fahrzeuge, so dass der Gesetzgeber keine Handhabe hatte; die für Neuwagen geltenden Abgas- und Geräuschbestimmungen waren damit nämlich nicht zu erfüllen. Als erste Stufe konnten dem Motor mittels verschiedener Maßnahmen – etwa erhöhtem Ladedruck – 600 PS eingehaucht werden. In der Endstufe konnte der Kunde einen Motor mit sagenhaften 725 PS bekommen, der alles bisher Dagewesene in Sachen Mustang-Tuning in den Schatten stellte.

Im Frühjahr 2007 kamen die nun schon fast obligatorischen Sondermodelle für Kalifornien in Form eines »Special GT/CS«.

Modelljahr:	**2007**
Motor:	V8
Bohrung/Hub (mm):	90,2 x 90,0
Hubraum (cm^3):	4601
Leistung (PS/kW-min.$^{-1}$):	300(221)-6000
Verdichtung:	9,8:1
Ventilsteuerung:	OHC
Gemischaufbereitung:	Elektronische Benzineinspritzung
Getriebe:	5-Gang-Schaltgetriebe
Bereifung:	235/55R17, 8-Zoll-Räder
Bremsanlage:	Hydraulisch, Scheiben rundum, rundum innenbelüftet
Radstand (mm):	2720
LxBxH (mm):	4765 x 1875 x 1385
Leergewicht (kg):	ab 1565 trocken
Höchstgeschwindigkeit:	230 km/h
Stückzahl:	158.180 Exemplare
Preis:	k.A.
Weitere Motoren:	V6–4,0-Liter, 210 PS V8–4,6-Liter, 330 PS V8–5,4-liter, 500 PS
Weitere Getriebe:	5-Gang-Automatik 6-Gang-Schaltgetriebe (GT-500)

2007 Ford Mustang Shelby GT-500.

2007 Ford Mustang GT California Special.

2008

2008 Ford Mustang Shelby GT500KR.

Das Modelljahr 2008 bescherte allen Mustangs serienmäßige Seitenairbags. Der Shelby GT mit 4,6-Liter-V8 hatte eine leichte Leistungseinbuße zu verkraften und kam jetzt auf 315 PS. Er konnte nur mit einem Fünfgang-Schaltgetriebe bestellt werden.

Ab Herbst 2008 bot Ford ein neues, großes Panorama-Glasdach als Option an, und auch Mister Shelby in Las Vegas war nicht untätig geblieben. Er lancierte wieder eine ganze Palette von extrem starken Sondermodellen. Neben den California Specials sowie dem »Pony-Package« gab es zum 40. Geburtstag des »GT500KR« eine Neuauflage mit dieser Modellbezeichnung (der der 500-PS-Motor vorbehalten blieb) und natürlich den neuen »Bullitt«. Diese Modelle wurden auch im kürzeren Modelljahr 2009 weiter angeboten.

Der GT500KR (»King of the Road«) war eine »Post-Title-Option«, was bedeutet, dass erst nach dem Ausstellen der Fahrzeugpapiere die Leistungssteigerung vorgenommen wurde. Damit umging Shelby die Abgas- und Verbrauchsvorschriften in den USA. Bestandteile waren die Motorhaube aus Fiberglas, der zweigeteilte Kühlergrill sowie natürlich die berühmten Shelby-Längsstreifen über der Karosserie.

Modelljahr:	**2008**
Motor:	V8
Bohrung/Hub (mm):	90,2 x 90,0
Hubraum (cm^3):	4601
Leistung (PS/kW-$min.^{-1}$):	300(221)-6000
Verdichtung:	9,8:1
Ventilsteuerung:	OHC
Gemischaufbereitung:	Elektronische Benzineinspritzung
Getriebe:	5-Gang-Schaltgetriebe
Bereifung:	235/55R17, 8-Zoll-Räder
Bremsanlage:	Hydraulisch, Scheiben, rundum innenbelüftet
Radstand (mm):	2720
LxBxH (mm):	4765 x 1875 x 1385
Leergewicht (kg):	ab 1565 trocken
Höchstgeschwindigkeit:	230 km/h
Stückzahl:	108.767 Exemplare
Preis:	k.A.
Weitere Motoren:	V6–4,0-Liter, 210 PS V8–4,6-Liter, 330 PS V8–5,4-Liter, 500 PS
Weitere Getriebe:	5-Gang-Automatik 6-Gang-Schaltgetriebe (GT-500)

2009

Wesentliche Änderungen in der Mustang-Palette waren für das Modelljahr 2009 nicht zu vermelden, dafür um so mehr von der Konkurrenz: Chevrolet stellte einen völlig neuen »Camaro« in die Showrooms, der schon in der Grundausführung mit 300 PS den Mustang-V6 um 90 PS überbot. Und dann die großen 6,2-Liter-Achtzylinder: 400 bis 425 PS standen den 330 PS des Mustang gegenüber.

Nur der Shelby konnte es mit seinen 500 PS noch besser. Auch Chrysler brachte nach langer Abwesenheit einen nagelneuen »Dodge Challenger« auf den Markt, der sich als V6 mit 260 PS durchaus sehen lassen konnte und gegen den Basis-Mustang antrat. Und auf dem Gebiet der starken V8-Motoren hatten die 5,7-Liter-Ausführung »Hemi« (387 PS) sowie der noch brutalere »SRT8« (442 PS) ein gewichtiges Wörtchen mitzureden. Auch preislich waren die neuen Wettbewerber absolut konkurrenzfähig. Damit begann wieder ein unglaubliches PS-Rennen, wie damals in den 60er-Jahren. Ford reagierte darauf mit einer umfassenden Modellpflege und lieferte den Modelljahrgang 2010 bereits im Februar 2009 aus.

Modelljahr:	**2009**
Motor:	V8
Bohrung/Hub (mm):	90,2 x 90,0
Hubraum (cm^3):	4601
Leistung (PS/kW-min.$^{-1}$):	300(221)-6000
Verdichtung:	9,8:1
Ventilsteuerung:	OHC
Gemischaufbereitung:	Elektronische Benzineinspritzung
Getriebe:	5-Gang-Schaltgetriebe
Bereifung:	235/55R17, 8-Zoll-Räder
Bremsanlage:	Hydraulisch, Scheiben, rundum innenbelüftet
Radstand (mm):	2720
LxBxH (mm):	4765 x 1875 x 1385
Leergewicht (kg):	ab 1565 trocken
Höchstgeschwindigkeit:	230 km/h
Stückzahl:	46.420 Exemplare
Preis:	k.A.
Weitere Motoren:	V6–4,0-Liter, 210 PS V8–4,6-Liter, 330 PS V8–5,4-Liter, 500 PS
Weitere Getriebe:	5-Gang-Automatik 6-Gang-Schaltgetriebe (GT-500)

2009 Ford Mustang Iacocca 45th Anniversary.

2010

Den 45. Geburtstag feierte der Mustang mit einem vorgezogenen massiven Facelift. Dieses brachte trapezförmige Rückleuchteneinheiten, eine hinten hochgezogene Schürze in schwarz, eine Doppelauspuffanlage, neue Räder, einen geänderten Frontspoiler mit drei Segmenten und viele weitere Feinheiten wie ein komplett neues Armaturenbrett mit dem Ford-Kommunikationssystem SYNC. Während die hintere Starrachse nicht angerührt wurde und der V6 blieb, erstarkte der Basis-V8 auf 315 PS, und die Shelby-Mustangs legten auf 540 PS zu.

Dem Doppelnockenwellen-V8 mit Kompressor spendierte man einen Ladeluftkühler (Verdichtung nur 8,4:1). Damit erreichte er eine Spitze von 270 km/h und lag damit auf dem Niveau von Chryslers Dodge Challenger SRT8. Mit seinem neu abgestimmten Fahrwerk und den noch breiteren Reifen der Dimensionen 255/45R18 vorn und 285/40R18 hinten, jeweils auf Leichtmetallrädern der Größe 9,5JJ, verfügte der Shelby auch über ein adäquates Chassis, wobei auch noch härtere Reifen mit 19 Zoll Innendurchmesser angeboten wurden. Und damit auch der Fahrer von der Kraftkur etwas hatte, legten die Ford-Ingenieure einen Soundkanal vom Ansaugsystem in den Innenraum, damit das charakteristische Motorgeräusch innen noch besser zu hören war.

Ein »Powerdome« auf der Mitte der Motorhaube macht die Unterscheidung zwischen den 2009er und 2010er-Modellen einfach.

Shelbys Firma konzentrierte sich auch nach dem Auslaufen des GT500KR auf Post-Title-Leistungskuren in Form der »Super-Snake«-Option und anderen.

2010 Ford Mustang Shelby GT-500.

Modelljahr:	**2010**
Motor:	V8
Bohrung/Hub (mm):	90,2 x 90,0
Hubraum (cm^3):	4601
Leistung (PS/kW-min.$^{-1}$):	315(231)-6000
Verdichtung:	9,8:1
Ventilsteuerung:	OHC
Gemischaufbereitung:	Elektronische Benzineinspritzung
Getriebe:	5-Gang-Schaltgetriebe
Bereifung:	245/45R18, 8-Zoll-Räder
Bremsanlage:	Hydraulisch, Scheiben rundum, innenbelüftet
Radstand (mm):	2720
LxBxH (mm):	4780 x 1880 x 1410
Leergewicht (kg):	1565 trocken
Höchstgeschwindigkeit:	240 km/h
Stückzahl:	47 524 Exemplare
Preis:	k.A.
Weitere Motoren:	V6–4,0-Liter, 210 PS V8–5,4-Liter, 540 PS
Weitere Getriebe:	5-Gang-Automatik 6-Gang-Schaltgetriebe (GT-500)

2011

Schon Anfang 2010 für das Modelljahr 2011 vorgestellt, bekam das Basismodell eine völlig neue V6-Maschine mit doppelter, oben liegender Nockenwelle, wobei die Leistung im Vergleich zum bisherigen Vierliter-V6 um fast fünfzig Prozent auf über 300 PS wuchs. Dem trugen natürlich auch ein geändertes Fahrwerks-Setup und breitere Reifen der Größe 225/60R17 (wahlweise 235/55R18) Rechnung.

Der ebenfalls neue Fünfliter-Windsor-V8 brachte es auf nun 412 PS bei 6500 Umdrehungen bei einer Verdichtung von 11,0:1. Sowohl die Automatik als auch das Schaltgetriebe boten nun sechs Gänge; neu waren auch die elektrische Servounterstützung der Lenkung sowie weitere Verfeinerungen bei der Radaufhängung. Wahlweise konnte eine 14-Zoll-Bremsanlage von Brembo bestellt werden. Einen programmierbaren Zündschlüssel gab es obendrein.

Der neue »Shelby GT-500« erhielt eine Vollaluminium-Maschine mit 5,4 Liter Hubraum und 550 PS, wobei das Sechsang-Tremec-Schaltgetriebe das Drehmoment an die Hinterachse weiterreichte. Der neue Motor war um knapp

2011 Ford Mustang GT mit RTR-Package.

50 Kilogramm leichter als der bisherige Fünfliter. Zum ersten Mal gab es das elektronische Stabilitätsprogramm (ESP). Die Sondermodelle für Kalifornien kamen nach einjähriger Unterbrechung zurück ins Programm, wie gehabt mit speziellem Kühlergrill und entsprechendem Dekor.

Doch auch die Mitbewerber hatten nicht geschlafen. So rüstete Dodge seinen Challenger mit einem brandneuen 3,5-Liter-V6 mit 305 PS auf, und die V8-Motoren mit 5,7 bzw. neu 6,4 Litern Hubraum leisteten 377 bzw. 472 PS. Und Chevrolet brachte das Camaro Cabrio. Dessen Motorleistungen änderten sich nur minimal (305 bis 427 PS).

Modelljahr: 2011	
Motor:	V8
Bohrung/Hub (mm):	92,2 x 92,7
Hubraum (cm^3):	4951
Leistung (PS/kW-$min.^{-1}$):	412(303)-6500
Verdichtung:	11,0:1
Ventilsteuerung:	DOHC
Gemischaufbereitung:	Elektronische Benzineinspritzung
Getriebe:	6-Gang-Schaltgetriebe
Bereifung:	235/55R18, 8-Zoll-Räder
Bremsanlage:	Hydraulisch, Scheiben, rundum innenbelüftet
Radstand (mm):	2720
LxBxH (mm):	4780 x 1880 x 1410
Leergewicht (kg):	ab 1780 trocken
Höchstgeschwindigkeit:	240 km/h (limitiert)
Stückzahl:	70.438 Exemplare
Preis:	k.A.
Weitere Motoren:	V6–3,7-Liter, 305 PS V8–5,0-Liter, 540 PS V8–5,4-Liter, 550 PS
Weitere Getriebe:	6-Gang-Automatik

2011 Ford Mustang Shelby GT-500 Convertible.

2012

Modelljahr:	2012
Motor:	V8
Bohrung/Hub (mm):	92,2 x 92,7
Hubraum (cm³):	4951
Leistung (PS/kW-min.⁻¹):	412(303)-6500
Verdichtung:	11,0:1
Ventilsteuerung:	DOHC
Gemischaufbereitung:	Elektronische Benzineinspritzung
Getriebe:	6-Gang-Schaltgetriebe
Bereifung:	245/45R19, 8-Zoll-Räder
Bremsanlage:	Hydraulisch, Scheiben, rundum innenbelüftet
Radstand (mm):	2720
LxBxH (mm):	4780 x 1880 x 1410
Leergewicht (kg):	ab 1780 trocken
Höchstgeschwindigkeit:	240 km/h (limitiert)
Stückzahl:	k.A.
Weitere Motoren:	V6–3,7-Liter, 309 PS V8–5,0-Liter, 450 PS V8–5,8-Liter, 660 PS
Weitere Getriebe:	6-Gang-Automatik

2012 Ford Mustang GT California Special Convertible.

Das Modelljahr 2012 stand ganz im Zeichen des »Mustang Boss 302«, welcher in Laguna Seca der Presse vorgestellt wurde. Mit dem Fünfliter-V8 bestückt, brachte er es auf 450 PS. Dazu gab es gegen Aufpreis noch ein »GT Track Package«, das feine Zutaten in Form eines Torsen-Differenzials, Brembo-Bremsen sowie eine kürzere Hinterachsübersetzung umfasste. Zur Handschaltung gab es keine Alternative. Der Fünfliter-V8 wurde von den Entwicklern »Coyote-V8« getauft, für die anderen Ponys der Mustang-Herde gab es keine besonderen Vorkommnisse zu vermelden. Erwähnenswert war allenfalls die neue Lenkanlage mit drei wählbaren Stufen (Standard, Sport und Comfort). Und das ESP war nun, spät genug, bei allen Modellen serienmäßig.

Der GT 500 konnte nun wahlweise mit Recaro-Sitzen bestellt werden, außerdem hatte der nun einen 5,8-Liter-Alu-V8 mit 660 PS unter der Haube. Verdichtet mit 9,0:1, war er nur mit dem manuellen Sechsanggetriebe zu bekommen. Besohlt mit Reifen der Dimension 255/40R19 vorn und 285/35R19 hinten, beschleunigte der Über-Mustang von Null auf Hundert in 4,5 Sekunden. Der Vorwärtsdrang endete, elektronisch begrenzt, bei 250 km/h, offen waren weit über 300 km/h drin.

Chevrolet brachte in diesem Jahr übrigens den 580 PS starken »Camaro ZL1«, jetzt ebenfalls mit Kompressor, und Ladeluftkühlung. Der schaffte 310 km/h.

2012 Shelby GT-350 50th Anniversary Edition (Foto: Shelby American)

2012 Ford Mustang Boss 302.

2013/2014

Modelljahr:	2013 und 2014
Motor:	V8
Bohrung/Hub (mm):	92,2 x 92,7
Hubraum (cm³):	4951
Leistung (PS/kW-min.⁻¹):	420(309)-6500
Verdichtung:	11,0:1
Ventilsteuerung:	DOHC
Gemischaufbereitung:	Elektronische Benzineinspritzung
Getriebe:	6-Gang-Schaltgetriebe
Bereifung:	245/45R19, 8-Zoll-Räder
Bremsanlage:	Hydraulisch, Scheiben rundum, rundum innenbelüftet
Radstand (mm):	2720
LxBxH (mm):	4780 x 1880 x 1410
Leergewicht (kg):	ab 1780 trocken
Höchstgeschwindigkeit:	240 km/h (limitiert)
Stückzahl:	k.A.
Weitere Motoren:	V6–3,7-Liter, 309 PS V8–5,0-Liter, 450 PS (nur 2013) V8–5,8-Liter, 670 PS
Weitere Getriebe:	6-Gang-Automatik

Ein letztes Facelift erhielt der Mustang, der immer noch mit einer hinteren Starrachse auskommen musste, für das Modelljahr 2013. Ein etwas auffälligerer Grill, LED-Schlussleuchten sowie eine Berganfahrhilfe für die Varianten mit Schaltgetriebe gehörten zu den Goodies. Außerdem wurde das Torsen-Differenzial des Boss auch für den GT übernommen. Das 2013er-Modell war der letzte Shelby-Mustang, an dem Caroll Shelby selbst noch mitgearbeitet hatte. Er starb 89-jährig im Mai 2012. Von vornherein als Zweijahresprojekt angelegt, fiel der Boss 302 mit 450 PS für 2014 aus dem Programm.

Für 2014 gab es dann keine erwähnenswerten Neuerungen. Das Aussehen von Tacho und Drehzahlmesser wurde verfeinert, dazu fanden einige neue Optik-Pakete ihren Weg in die Aufpreislisten.

2013 Ford Mustang Shelby GT-500 Convertible.

2013 Ford Mustang GT/CS (Foto: Sam VarnHagen/Ford Motor Co.).

2014 Ford Mustang Shelby GT-500 Convertible.

Generation VI

2015

2015 Ford Mustang 50th Anniversary Edition.

Das brandneue 2015er-Modell wurde im Januar 2014 auf der Detroit Motor Show und fast gleichzeitig auf der Automesse in Barcelona präsentiert – die erste Mustang-Premiere auf europäischem Boden und ein deutlicher Hinweis darauf, dass Ford den Mustang global vermarkten wollte.

Er folgte mit einer weiter geschärften Optik und vielen Karosseriedetails, die an den ursprünglichen Mustang erinnern, dem bei der fünften Generation eingeschlagenen und höchst erfolgreichen Weg. Sensationell indes ist für Mustang-Verhältnisse das, was darunter steckt: Zum Jubiläum erhält die Sportwagen-Ikone ein komplett neues Fahrgestell. Endlich entlässt Ford die hintere Starrachse in den längst fälligen Ruhestand und spendiert der gesamten sechsten Generation eine Konstruktion auf aktuellem technischen Niveau.

Neben den schon bekannten V6- und V8-Motoren steht ein völlig neuer und überaus sparsamer Hochleistungs-Vierzylinder mit dem traditionellen Hubraum von 2,3 Litern und einer sagenhaften Leistung von 309 PS bei nur 5500 Umdrehungen im Mittelpunkt der Aufmerksamkeit. Dessen Drehmoment liegt bei 407 Nm und damit um 41 Newtonmeter höher als beim V6 und um nur 122 niedriger als beim V8. Ausgerüstet mit Turbolader und Ladeluftkühlung sowie einem für Turbomotoren recht hohen Verdichtungsverhältnis von 9,5:1 verspricht diese extrem sportliche Maschine viel Fahrspaß. Für alle drei DOHC-Motoren stehen jeweils zwei Sechsgang-Getriebe zur Wahl: eine Schaltbox und eine Automatik. Alle Aggregate sind auf größtmögliche Effizienz getrimmt, mit gefülltem 60-Liter-Tank sollten auch im ungünstigen Falle locker 500 Kilometer zurückzulegen sein.

Vier- und Sechszylinder kommen entweder mit 17-Zoll- oder 18-Zoll-Rädern, für den V8 gibt es wahlweise Reifen der Größe 235/50R18 (auf 8x18-Rädern) oder 245/45R19 und sogar 255/40R19 ab Werk, letztere mit breiteren 8,5-Zoll-Leichtmetallrädern.

Auch in Deutschland wurde der Mustang VI offiziell angeboten. Als GT Fastback mit V8 stand er im Januar 2015 mit exakt 40.000 Euro in der Preisliste, ein halbes Jahr später erhöhte Ford die Preise für alle angebotenen Mustangmodelle um 2000 Euro. Das Premium-Paket (Sound, Navi, Leder) kostete weitere 2500 Euro.

Modelljahr:	2015
Motor:	V8
Bohrung/Hub (mm):	92,2 x 92,7
Hubraum (cm^3):	4951
Leistung (PS/kW-min.$^{-1}$):	425(312)-6500
Verdichtung:	11,0:1
Ventilsteuerung:	DOHC
Gemischaufbereitung:	Elektronische Benzineinspritzung
Getriebe:	6-Gang-Schaltgetriebe
Bereifung:	235/50R18, 8-Zoll-Räder
Bremsanlage:	Hydraulische Vierrad-Scheibenbremsen, rundum innenbelüftet
Radstand (mm):	2720
LxBxH (mm):	4780 x 1915 x 1380
Leergewicht (kg):	ab 1635 trocken
Höchstgeschwindigkeit:	240 km/h (limitiert)
Stückzahl:	k.A.
Preis:	k.A.
Weitere Motoren:	V6–3,7-Liter, 304 PS R4–2,3-Liter, 309 PS
Weitere Getriebe:	6-Gang-Automatik

2015 Ford Mustang GT Convertible.

2016/2017

Erwartungsgemäß änderte Ford für das zweite Modelljahr der sechsten Generation wenig. Die Motoren blieben in der Leistung gleich, es kam jedoch im Frühjahr 2015 bereits eine noch stärkere Version auf die US-Ausstellungen, der Shelby GT350. Dieser war genau nach dem historischen Strickmuster gestaltet und stellte die Top-Version aller Mustangs dar. Natürlich wurde er auch für 2016 weitergeführt.

Selbstredend mit einem bulligen V8 bestückt, der wie die normalen V8 mit einem nahezu quadratischen Hub/Bohrungs-Verhältnis konstruiert worden war, jedoch mit 5,2 Litern einen etwas größeren Hubraum aufwies, nochmals eine große Schippe an Leistung zulegte und damit auf satte 533 PS und ein Drehmoment von 582 Newtonmeter erstarkte. Das Kompressionsverhältnis wurde auf 12:1 erhöht. Damit ist diese extrem kraftvolle Maschine ein echter Sportmotor, der auch Drehzahlen bis knapp 8000 pro Minute nicht scheuen muss. Mit einem Automatik-Getriebe bietet Ford den Shelby aber nicht an. Dafür allerdings eine geradezu bahnbrechende Neuheit: Carbon-Räder. Dazu Sechskolben-Brembo-Sättel vorn für adäquate Verzögerung.

Die Leistungsangaben für die verschiedenen Mustang-Motoren differieren in der deutschen und der US-Ausführung. Deshalb wurden diejenigen Modelle, die in Deutschland erhältlich sind, auch mit den von FORD/Deutschland angegebenen

2016 Ford Mustang GT-H: Ein Hertz-Mustang zum 50. Jubiläum der Aktion »Rent-a-Racer«.

Leistungsangaben hier versehen. Das Sechszylinder-Triebwerk wird hierzulande offiziell nicht offeriert.

Und es gibt noch eine Besonderheit. Zum 50. Jubiläum der Aktion »Rent-a-Racer« der Mietwagenfirma Hertz wurde eine Sonderserie des Mustang in der damaligen Lackkombination schwarz mit breiten goldenen Streifen über das gesamte Auto lanciert, welche einen leicht leistungsgesteigerten V8-Fünfliter mit 441 PS spendiert bekam. An 17 US-Flughäfen stehen für solvente Kunden solche Mustangs bereit.

Das Modelljahr 2017 brachte nur minimale optische Veränderungen, die Technik blieb ebenso weitestgehend identisch. Die Vier- und Achtzylindermodelle kommen nun wahlweise mit einer Premium-Ausstattung, die neben beheizten Außenspiegeln mit integrierten Blinkern einen Universal-Garagenöffner, ein exquisites Lederinterieur, Alu-Pedale und Ambiente-Innenraumlicht bietet. Außerdem wurde dafür der Bildschirm auf acht Zoll vergrößert.

Das »Electronic Line Lock« bietet bei Extremstarts die Möglichkeit, die vorderen Räder zu blockieren, während die hinteren sich schon mal warm drehen, also quasi einen kontrollierten Burnout ermöglichen. Die Shelby-Version heißt jetzt GT-350R. Der in der Motorhaube installierte Blinker wurde für 2017 wieder fallen gelassen.

Modelljahr:	**2015**
Motor:	V8
Bohrung/Hub (mm):	92,2 x 92,7
Hubraum (cm^3):	4951
Leistung (PS/kW-min.$^{-1}$):	421(310)-6500
Verdichtung:	11,0:1
Ventilsteuerung:	DOHC
Gemischaufbereitung:	Elektronische Benzineinspritzung
Getriebe:	6-Gang-Schaltgetriebe
Bereifung:	235/50R18 auf 8-Zoll-Rädern, 255/40R19 auf 8,5-Zoll-Rädern a. Wunsch
Bremsanlage:	Hydraulische Vierrad-Scheibenbremsen, rundum innenbelüftet
Radstand (mm):	2720
LxBxH (mm):	4780 x 1920 x 1380
Leergewicht (kg):	ab 1605 kg
Höchstgeschwindigkeit:	240 km/h (limitiert)
Weitere Motoren:	V6 Zylinder mit 3,7-Liter und 304 PS; 4 Zylinder mit 2,3-liter und 317 PS; V8 Zylinder mit 533 PS (Shelby)
Preis:	6-Gang-Automatikgetriebe
Weitere Motoren:	4-Zylinder Coupé € 38.000; 4-Zylinder Cabrio € 43.000; V8 Coupé € 42.000; V8 Cabrio € 47.000; Das Automatikgetriebe kostet € 2.000

2017 Ford Mustang GT Convertible.

2016 Ford Mustang GT California Special.

2016 Ford Mustang GT.

2016 Ford Mustang GT4 von Ford Performance, rennfertig.

2016 Ford Mustang Shelby GT-350R.

2016 Geiger Cars Ford Mustang GT 820. Die Zahl 820 steht für die Motorleistung in PS.

2017 Ford Mustang Shelby GT-350.

2018

2018 kommt ein neuer, speziell auf die Wünsche europäischer Kunden abgestimmter Ford Mustang auf den Markt. Geschärft im Design, mit einem weiterentwickelten Fahrwerk mit optionalem Magne-Ride-Dämpfersystem, zwei zusätzlichen Fahr-Modi, modernen Fahrer-Assistenzsystemen und zusätzlichen Individualisierungsoptionen ist er auf Wunsch erstmals mit einem 10-Gang-Automatikgetriebe lieferbar. Damit soll die voraussichtlich bis zu 330 kW (450 PS) starke V8-Variante mit 5,0 Liter Hubraum als der am schnellsten beschleunigende Mustang in die mehr als 50-jährige Erfolgsgeschichte dieser Baureihe eingehen.

Neue Scheinwerfer mit LED-Technologie, attraktiv gestaltete Leichtmetallräder und die nun elf Lacktöne umfassende Farbpalette unterstreichen den dynamischen Auftritt des Mustangs. Das aufgewertete Interieur profitiert von besonders berührungsfreundlichen Materialien und einem zwölf Zoll großen Display mit Digitalanzeige. Dem hohen optischen Anspruch wird der Mustang auch technisch gerecht. So erhält er ein hochmodernes und per Kippschalter einstellbares MagneRide-Fahrwerk mit verschiedenen Fahrprogrammen, das speziell im Hinblick auf die hohen Erwartungen europäischer Kunden entwickelt wurde.

Neuer Ford Mustang im Modelljahr 2018.

Neuer Ford Mustang im Modelljahr 2018.

2018 Mustang V8 GT mit Performance-Paket.

Kapitel 4

Die Shelby-Mustangs

Carroll Shelby (geboren am 11. Januar 1923, gestorben am 10. Mai 2012) war ein typischer amerikanischer Selfmademan. Er hatte sich auf allen möglichen Gebieten – auch als Hühnerzüchter – betätigt, große Erfolge erzielt und konnte so seinen Traum als Autorennfahrer, Rennstallbesitzer und Tuner leben. Seine Geschichte ist sicher hundert Mal geschrieben worden. Dieses Kapitel aber widmet sich den Mustang-Derivaten, die seinen Stempel trugen.

Denn der im Frühjahr 1964 vorgestellte Mustang war zwar populär, aber viel zu brav. Doch obwohl Ford selbst wenige Monate nach dem spektakulären Debüt im Motorabteil seines neuen Pony Car eine aufgemotzte 4,9-Liter-Maschine mit 270 PS versenkte, war das Potenzial des Wagens noch lange nicht ausgereizt.

Dazu kam: Das PS-Rennen nahm Fahrt auf. Bei Chrysler entstand der Plymouth »Barracuda« und bei Pontiac das Muscle Car mit dem klangvollen Namen »GTO«, 1967 schob Chevrolet den »Camaro« und den Pontiac »Firebird« nach. Und Ford? Hatte den Mustang. Ein tolles Auto, gewiss, aber kein Racer. Und da kam Mr. Shelby ins Spiel, er war in der Lage, aus dem Mustang ein Auto zu machen, das bei nationalen Rennen ganz vorne mitfahren konnte. Dazu musste allerdings erst eine gewisse Anzahl an Homologationsexemplaren gebaut werden, und Shelby hatte mit der Cobra (die ja Ford-Motoren hatte) bereits 1962 bewiesen, dass er so etwas konnte.

Shelby machte sich nach anfänglichem Zögern daran, diese Aufgabe schnell und effektiv zu lösen, denn für die Homologation mussten schon zum Jahresbeginn 1965 mindestens 100 gleiche Fahrzeuge gebaut worden sein.

Sein kleines Werk »Shelby American« in Los Angeles belieferte Ford mit zerlegten Fahrzeugen, die dann bei Shelby komplettiert wurden. Der Weg zu mehr Speed führte damals wie heute über Gewichtseinsparungen, Fahrwerksverbesserungen und Motortuning. Anstatt der serienmäßigen Motorhaube verwendete man eine Fiberglas-Konstruktion mit einer Lufthutze und Schnellverschlüssen. Die Rückbank wurde kurzerhand weggelassen, was die Shelby-Mustangs zu reinen Zweisitzern machte. Die Batterie wanderte zur besseren Gewichtsverteilung in den Kofferraum. Eine Differenzialbremse war unverzichtbar, eine Aluguss-Ölwanne und ein Getriebegehäuse aus demselben Material ergänzten zusammen mit den kürzeren Koni-Dämpfern (!) und den Traction-Bars die Shelby-Umbauten. Antriebsseitig kamen die besten Motoren aus der Serienproduktion zum Einsatz, solche mit der höchsten Streuung nach oben.

Dieser noch eher zahmen Homologationsversion »Shelby Mustang GT-350« folgte kurze Zeit später noch eine Ausführung im reinen Renntrimm mit heftigen 370 SAE-PS bei 6000 Umdrehungen, die mit der längsten Hinterachsübersetzung bis zu 240 km/h gerannt sein soll.

Kostenpunkt 5995 Dollar. Magnesium-Räder gab's auf Wunsch noch dazu, Holzlenkräder waren sowieso immer dabei. Die Bremsen der Production-Racer waren den gestiegenen Fahrleistungen angepasst worden, so kamen vorne Bremsscheiben und hinten die größeren Trommeln der Full-Size-Kombis zum Einsatz.

Im Modelljahr 1968 sollten sich die Dinge für Carroll Shelby massiv verändern. Aus der Manufaktur am Flughafen von L.A. war ein beachtenswerter Autohersteller geworden, und die Ford-Leute drängten ihn regelrecht zur Einrichtung einer Großserienproduktion. Doch dazu war das Werk zu klein. Es entstanden drei einzelne Unternehmen aus der bisherigen »Shelby American« heraus. Die Produktion erfolgte ab sofort bei »Shelby Automotive« in Michigan, die Montage bei der Firma Smith, einem Subunternehmer. Im sonnigen Kalifornien blieben nur noch die frisch gegründete »Shelby Racing Company« und für die Vermarktung des exklusiven Zubehörs die »Shelby Parts Company«. Das Ganze funktionierte wohl nur 1968 bestens, Shelby feierte in jenem Jahr einen neuen Produktionsrekord: Viereinhalbtausend Fahrzeuge verließen die Bänder der Firma Smith in Michigan.

Die Verkaufszahlen entwickelten sich jedoch in die falsche Richtung. Ford nämlich bot seinen Mustang nun ebenfalls mit den leistungsstarken Motoren, aber zu wesentlich niedrigeren Preisen an. Den meisten Kunden reichte das, so dass die Shelby-Verkaufszahlen drastisch zurückgingen. Für »Mr. Cobra« rentierte sich der Aufwand nicht mehr. Im Prinzip endete die Fertigung 1969, am Ende des Modelljahres standen noch Hunderte von Shelbys unverkauft auf Halde. Um die Bestände abzubauen, wurden diese Exemplare mit kleinen Retuschen versehen und als 1970er-Modelle verkauft. Danach war Schluss.

Übrigens war Shelby zwischen 1967 und 1971 über einen Herrn Velazquez in Mexiko vertreten, der die in Mexiko gebauten Mustangs mit dem Shelby-Look versah und auch Zubehör verkaufte.

Doch man sieht sich ja bekanntlich immer zwei Mal. Mr. Cobra sollte von Ford für die fünfte Mustang-Generation noch einmal alle Register ziehen und auf deren Basis noch einmal einen »GT-500« schaffen. Diese Fahrzeuge werden im Modelljahrgang 2007 beschrieben.

2013 Shelby GT-350 (Foto: Shelby American).

1965

Modelljahr:	1965
Motor:	V8
Bohrung/Hub (mm):	101,6 x 72,89
Hubraum (cm^3):	4728
Hubraum (CID):	289
Leistung (PS/kW-min.$^{-1}$):	306(225)-6000
Verdichtung:	10,9:1
Ventilsteuerung:	OHV, Zentrale Nockenwelle
Gemischaufbereitung:	1 Vierfachvergaser Holley
Getriebe:	4-Gang-Schaltgetriebe
Bereifung:	7.75H(V)15
Bremsanlage:	Vorn Scheiben, hinten Trommeln
Radstand (mm):	2743
LxBxH (mm):	4610 x 1730 x 1300
Karosserien:	Fastback-Coupé 2 Sitze
Leergewicht (kg):	ab 1265
Höchstgeschwindigkeit:	ab 180 km/h je nach HA-Übersetzung
Stückzahl:	562 Exemplare, davon 36 Rennwagen
Preis:	Straßenversion $ 4546,–
Weitere Motoren:	Rennmotor, 370 PS
Weitere Getriebe:	Keine

Standardfarbe aller Shelby GT-350 war Weiß. Anfangs hatte jeder Wagen blaue Streifen zwischen den Radausschnitten sowie »Le Mans«-Streifen, die sich über die gesamte Karosserie zogen, später gab es sie nur gegen Aufpreis. In jedem Fall serienmäßig war die neue Schalldämpferanlage, und die von Shelby selbstbewusst angegebenen 306 PS waren sicher keine Übertreibung.

Die Rennversion hatte Shelby zusätzlich geschärft. Ein Ölkühler sowie ein größerer Wasserkühler verbesserten den Temperaturhaushalt im Antriebsstrang, auch die Bremsen wurden durch entsprechende Luftkanäle innerhalb der vorgesehenen Betriebswärme gehalten. Magnesium-Räder des bekannten Herstellers Cragar in der Größe 7x15 halfen ebenso bei der Gewichtsverminderung wie das Kunststoff-Heckfenster. Flammhemmende Materialen im Innenraum, ein Überrollbügel und ein Feuerlöscher sowie ein modifizierter Motor mit 370 SAE-PS sorgten zusammen mit der schalldämpferlosen Auspuffanlage für genügend Punch und erfüllten die gültigen Sicherheitsnormen.

Die Rennversion hat dann auch auf Anhieb den Titel in der SCCA-Klasse B eingefahren.

1965 Shelby GT-350.

1965 Shelby GT-350 Prototyp bei Fotofahrten.

1966

1966 Shelby GT-350 H.

Der erste GT-350 war auch in der Straßenausführung eine rechte Krawallschachtel, viele Kunden wünschten sich einen etwas zivileren, leiseren Shelby mit weniger singender Hinterachse, aber etwas selbstbewussterer Optik. Der GT des Jahres 1966 hatte daher einen neuen Kühlergrill mit waagerechten Lamellen, der mehr hermachte. Die seitlichen Lüftungsschlitze wichen Plexiglas-Dreiecksfenstern, und vor die hinteren Radausschnitte wurden seitliche Lufthutzen gesetzt. Das Holzlenkrad wich dem normalen Mustang-GT-Volant, die Lenkradnabe schmückte aber das Shelby-Emblem. Die Holzversion gab es aber noch gegen Mehrpreis. Zusätzlich gab es eine Auswahl an Rädern mit unterschiedlichem Design. Das größte Alurad war jetzt immerhin sechsdreiviertel Zoll breit.

Das Armaturenbrett war nicht mehr ganz so exklusiv bestückt wie im vergangenen Modelljahr, jedoch fand der begeisterte Käufer so nützliche Instrumente wie Öldruckanzeige, Ampèremeter sowie einen speziellen Drehzahlmesser, dessen Skala bis 9000 Touren reichte.

Auch eine Rücksitzbank (umlegbar) war jetzt erhältlich, was den Shelby zum vollwertigen Viersitzer machte. Die bislang obligatorische Tieferlegung gehörte der Vergangenheit an, und die Traction-Bars wurden nun unten angeschraubt und nicht mehr oben angeschweißt.

Die Abgase wurden nicht mehr seitlich ins Freie entlassen, sondern durch eine zweiflutige Anlage nach hinten geführt; und wer mochte, konnte sogar beim Händler eine Klimaanlage einbauen lassen.

Ab April 1966 war ein Paxton-Kompressor erhältlich, der dem 289er-Motor laut Werk eine

Mehrleistung von nahezu 50 Prozent bescherte, was dann rund 450 PS entsprach. Diese Option kostete satte 700 Dollar und wurde angeblich nur elf Mal bestellt.

Und dann sorgte die Mietwagenfirma Hertz für maximale Aufmerksamkeit, indem sie bei Shelby gleich 1001 Mustang bestellte (davon ein Prototyp). Diese Version hieß dann »GT-350 H«. Das »H« stand für »Hertz«, die Mietwagenfirma hatte vor Jahren den »Hertz Sports Car Club« für gute Kunden gegründet, und diese durften die schwarzgoldenen Mustang ordern. Von den 1000 dann gelieferten Fahrzeugen hatten weniger als 100 das originale Viergang-Getriebe, der Rest erhielt Automatikgetriebe.

Auch über ein Shelby-Cabrio dachte man nach. Vom Modelljahr 1966 entstanden vier Stück in unterschiedlichen Farben und mit Schalt- und Automatik-Getrieben; Anfang der 80er-Jahre wurden nochmals zwölf »nachgefertigt«.

Modelljahr:	**1966**
Motor:	V8
Bohrung/Hub (mm):	101,6 x 72,89
Hubraum (cm³):	4728
Hubraum (CID):	289
Leistung (PS/kW-min.⁻¹):	306(225)-6000
Verdichtung:	10,9:1
Ventilsteuerung:	OHV, Zentrale Nockenwelle
Gemischaufbereitung:	1 Vierfachvergaser Holley
Getriebe:	4-Gang-Schaltgetriebe Borg Warner
Bereifung:	7.00H(V)15
Bremsanlage:	Vorn Scheiben, hinten Trommeln
Radstand (mm):	2743
LxBxH (mm):	4610 x 1730 x 1300
Karosserien:	Fastback-Coupé 2 Sitze
Leergewicht (kg):	ab 1265 kg
Höchstgeschwindigkeit:	ab 180 km/h je nach HA-Übersetzung
Stückzahl:	2380 Exemplare
Preis:	Straßenversion $ 4428,–
Weitere Motoren:	Rennmotor, 370 PS
Weitere Getriebe:	3-Gang-Automatik mit Ford-Vergaser

1966 Shelby GT-350 für SCCA-Rennen Gruppe B.

1967

Modelljahr:	1967
Motor:	V8
Bohrung/Hub (mm):	101,6 x 72,89
Hubraum (cm³):	4728
Hubraum (CID):	289
Leistung (PS/kW-min.⁻¹):	306(225)-6000
Verdichtung:	10,9:1
Ventilsteuerung:	OHV, Zentrale Nockenwelle
Gemischaufbereitung:	1 Vierfachvergaser Holley
Getriebe:	4-Gang-Schaltgetriebe Ford
Bereifung:	7.00H(V)15
Bremsanlage:	Vorn Scheiben, hinten Trommeln
Radstand (mm):	2743
LxBxH (mm):	4740 x 1805 x 1300
Karosserien:	Fastback-Coupé 4 Sitze
Leergewicht (kg):	ab 1265 kg
Höchstgeschwindigkeit:	ab 180 km/h, je nach HA-Übersetzung
Stückzahl:	3225 Exemplare
Preis:	GT-350: $ 3995,– GT-500: $ 4195,–
Weitere Motoren:	V8-7-Liter (428 CID), 355 PS
Weitere Getriebe:	3-Gang-Automatik (mit Ford-Vergaser)

Der 1967er Mustang hatte sich gegenüber dem Urmodell erheblich verändert, was Shelby durchaus zustatten kam: Denn im Motorraum war nun mehr Platz, so dass neben dem weiterhin angebotenen 289er-Motor nun der sogenannte »Police-Interceptor-Motor« mit 428 cubic inch (7 Liter) Platz fand. Mit dieser Big-Block-Maschine ausgerüstet, hieß der Shelby nun »GT-500« und kostete nur 200 Dollar Aufpreis. Für dieses Geld bekam der Kunde nicht einmal einen Ford Thunderbird vor die Tür gestellt.

Der neuen Karosserie verpasste Shelby nun viel mehr Fiberglas-Teile; die Hutze auf der Motorhaube war nun nicht mehr aufgesetzt, sondern integriert. Hutzen neben der Heckscheibe sowie ein kleiner Spoiler prägten die Rückansicht, die Heckleuchten stammten vom 1967er Mercury Cougar. Vorne rückten die Fernscheinwerfer in die Mitte des Fiberglas-Kühlergrills. Servolenkung und Bremskraftverstärker gehörten nun ebenso zum Serienumfang wie die E70H15-Bereifung auf Sechszoll-Stahlrädern oder auf den von Kelsey-Hayes beigesteuerten Alus (7 Zoll). Wahlweise erhältlich waren auch die speziellen Shelby-Alus. Der Kunde konnte zwischen zehn verschiedenen Lackfarben wählen. Der Paxton-Kompressor für 800 Dollar stand ebenfalls noch auf der Optionsliste, 28 Wagen sollen damit ausgeliefert worden sein.

Beim 428er-Motor gaben gleich zwei Holley-Vierfachvergaser den Ton an; die große Maschine war mit eher zurückhaltenden 355 SAE-PS angegeben. Da aber der Mustang mit der Modellpflege um gut 200 Kilogramm zugelegt hatte, blieben die Fahrleistungen gleich. Im Drehmoment aber trennte sich die Spreu vom Weizen: Den 570 Nm bei 3200 Umdrehungen standen die 446 Nm bei 4200 Touren gegenüber.

Einige wenige Shelby-Mustangs wurden (von Händlern) mit der wesentlich sportlicheren 427er-Siebenliter-Maschine (427 CID) bestückt, die 425 SAE-PS leistete. Kostenpunkt: 2000 Dollar Aufpreis.

1967 Shelby GT-500.

1967 Shelby GT-500 Super Snake.

1968

1968 Shelby GT-500 KR Convertible.

Nachdem schon 1967 ein Cabrio als Prototyp entstanden war, kam diese Ausführung nun in die reguläre Preisliste. Sie war auch mit einem Überrollbügel ausgestattet. Der Aufpreis betrug moderate 121 Dollar.

1968 Shelby GT-500.

Bei allen Fahrzeugen wurde der Innenraum überarbeitet, erkenntlich an den Holzimitat-Einlagen an Stelle des gebürsteten Aluminiums. Der GT-500 hatte, wie gehabt, den 428er-Motor; der GT-350 dagegen erhielt den neuen 302-CID-Block, der bei Ford die 289er-Maschine ersetzte.

Mitten im Modelljahr ersetzte dann der »GT-500 KR« das bisherige Topmodell. »KR« stand für »King of the Road«; einen Anspruch, den der Shelby durch den neuen »Cobra Jet«-428er-Motor mit schärferer Nockenwelle, geänderten Zylinderköpfen und einer gegossenen Kurbelwelle einlöste. Zwar lieferte dieses Kraftpaket offiziell nur 335 PS (was der Leistung der kleineren Maschine mit Paxton-Kompressor entsprach), doch dürfte kein »KR« mit weniger als 400 SAE-PS die Fabrik verlassen haben. Den Leistungszenit erreichte der V8 bei 5600 Umdrehungen, die Verdichtung lag bei 11,6:1. Die Tiefstapelei beim KR lag an den hohen Versicherungsprämien; diese führten auch dazu, dass der GT-350 – von dem Hertz wieder 224 Stück orderte – offiziell nur noch 250 PS aufwies. Und die 360-PS-Version hatte jetzt nur noch einen einzelnen Holley-Vierfachvergaser. Äußerlich waren die 68er-Modelle an der Doppelhutze, den rechteckigen Nebelscheinwerfern außen im Grill sowie den geänderten Lufthutzen hinter der Tür erkennbar.

Zahlreiche Sondermodelle wie beispielsweise die in 4025 Exemplaren gebauten »California Specials« erschienen, doch obwohl diese aussahen wie Shelby-Mustangs, baute Ford sie selbst.

Modelljahr:	**1968**
Motor:	V8
Bohrung/Hub (mm):	101,6 x 72,89
Hubraum (cm³):	4942
Hubraum (CID):	302
Leistung (PS/kW-min.⁻¹):	250(184)-4800
Verdichtung:	10,5:1
Ventilsteuerung:	OHV, Zentrale Nockenwelle
Gemischaufbereitung:	1 Vierfachvergaser Holley
Getriebe:	4-Gang-Schaltgetriebe
Bereifung:	7.00H(V)15
Bremsanlage:	Vorn Scheiben, hinten Trommeln
Radstand (mm):	2743
LxBxH (mm):	4740 x 1805 x 1300
Karosserien:	Fastback, Cabrio (2 Sitze)
Leergewicht (kg):	ab 1265
Höchstgeschwindigkeit:	ab 180 km/h, je nach HA
Stückzahl:	4450 Exemplare
Preis:	GT-350 Coupé: $ 4116,– GT-350 Cabrio: $ 4238,–
Weitere Motoren:	V8–4,9-Liter Kompressor, 335 PS V8-7-Liter (428 CID), 360 PS V8-7-Liter (428 CID), 400 PS
Weitere Getriebe:	3-Gang-Automatik

1968 Shelby GT-500.

1969/1970

1969 Shelby GT-500.

Den ausladenderen Mustangs, die Detroit ab dem Modelljahr 1969 produzierte, wurden die inzwischen mehr oder weniger unverkäuflichen Shelbys des letzten Jahrgangs 1969/70 zumindest optisch angepasst. Die Schnauze war nicht mehr abgesetzt, sondern Scheinwerfer und Grill umfasste jetzt ein markanter Chromrand. Die Doppelauspuffanlage mündete in eckigen Endrohren.

Neuer Rekord bei den Lufteinlässen: Dieses Jahr waren es fünf Stück. Neu war auch der Motor, zum Einsatz kam die 351er-Maschine aus dem Motorenwerk Windsor, die seit dem vorigen Jahr auch in normalen Ford-Limousinen Dienst tat. Eine leistungsreduzierte Version des Siebenliters war dem GT-500 vorbehalten. Der Aufpreis für das Cabrio betrug 318 US-Dollar.

Mit diesem Modelljahr endet die Geschichte der echten Shelby-Mustangs, was nun nicht bedeutet, dass die Zusammenarbeit mit Ford zu Ende gewesen wäre: Fast vier Jahrzehnte später folgte das große Comeback, und Carroll Shelby konnte das noch aktiv mitgestalten.

Modelljahr:	**1969 und 1970**
Motor:	V8
Bohrung/Hub (mm):	101,6 x 88,9
Hubraum (cm^3):	5766
Hubraum (CID):	351
Leistung (PS/kW-min.$^{-1}$):	290(213)-4800
Verdichtung:	10,7:1
Ventilsteuerung:	OHV, Zentrale Nockenwelle
Gemischaufbereitung:	1 Vierfachvergaser Autolite
Getriebe:	4-Gang-Schaltgetriebe
Bereifung:	E70H(V)15, ww. F60H(V)15
Bremsanlage:	Vorn Scheiben, hinten Trommeln
Radstand (mm):	2743
LxBxH (mm):	4740 x 1805 x 1300
Karosserien:	Fastback 2 Sitze, Cabrio 2 Sitze
Leergewicht (kg):	ab 1265
Höchstgeschwindigkeit:	200 km/h (210 km/h)
Stückzahl:	3942 Exemplare
Preis:	GT-350 Coupé: $ 4434,– GT-500 Coupé: $ 4709,–
Weitere Motoren:	V8-7-Liter(428 CID), 335 PS
Weitere Getriebe:	3-Gang-Automatik (erstmals)

1969 Shelby GT-500 Convertible aus dem Besitz von Caroll Shelby. Der Wagen wurde 2008 bei der Barrett-Jackson-Auktion für $ 675.000,– versteigert.

1969 Shelby GT-350 Convertible.

WEITERE INTERESSANTE BÜCHER ZUM THEMA

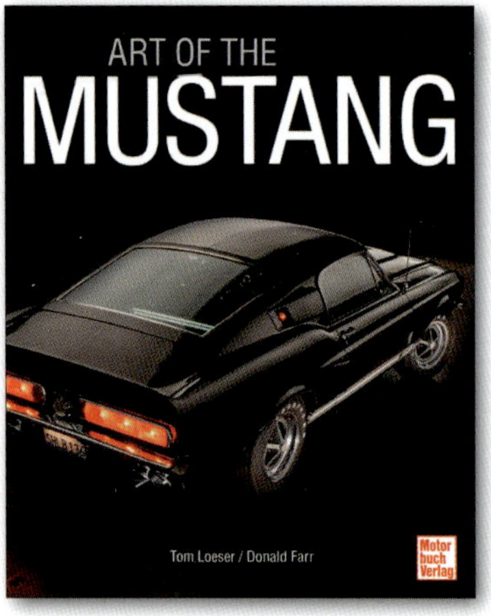

In diesem prachtvollen Bildband sind die interessantesten und begehrtesten Modelle aller Mustang-Generationen vereint. Dargestellt in hochwertigen, mit der Technik der Lichtmalerei fotografierten Studioaufnahmen von Tom Loeser und erläuternden Texten von Donald Farr.
240 Seiten, 240 Bilder, Format 230 x 305 mm
ISBN 978-3-613-03912-4
€ 39,90 / € (A) 41,10

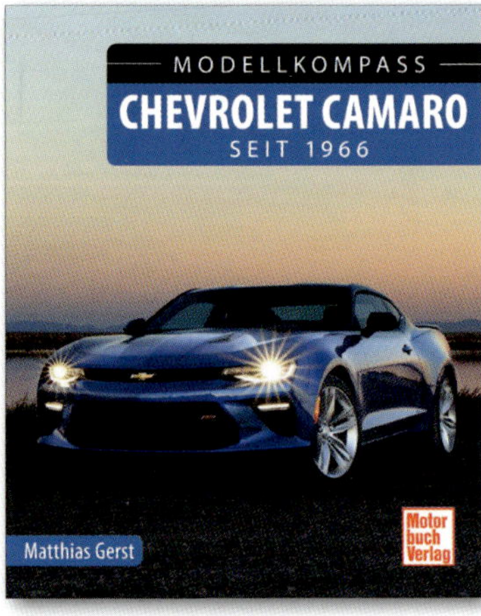

Der Chevrolet Camaro hat es geschafft, stets jung und aktuell zu bleiben mittels zahlreicher modellpflegerischer Maßnahmen, technischer Verbesserungen und Generationswechsel. Ausreichend Stoff also für einen Modellkompass zu einem ganz besonderen Fahrzeug.
128 Seiten, 143 Bilder, Format 170 x 210 mm
ISBN 978-3-613-03909-4
€ 14,95 / € (A) 15,40

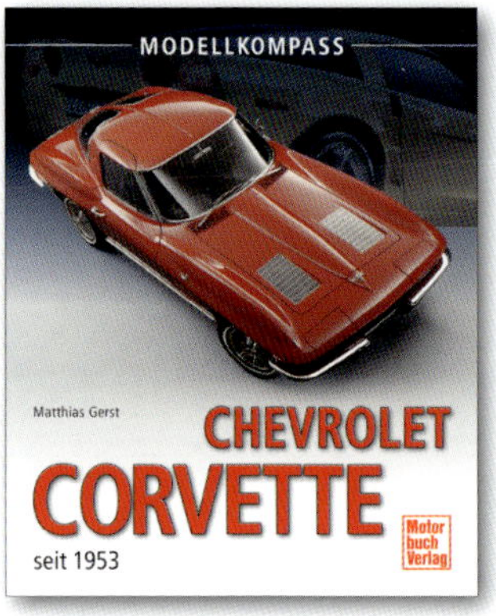

Die Mutter aller amerikanischer Sportwagen. Endlich gibt es alles über die Sportwagen-Ikone in einem eigenen Band.
144 Seiten, 198 Bilder, Format 170 x 210 mm
ISBN 978-3-613-03580-5
€ 14,95 / € (A) 15,40

Die Modellübersicht von 1938 bis 2003 mit ihren technischen Daten auf. Alle Veränderungen, die im Laufes der Jahre vorgenommen wurden, finden hier Erwähnung.
128 Seiten, 116 Bilder, Format 170 x 210 mm
ISBN 978-3-613-03530-0
€ 14,95 / € (A) 15,40

Stand Juni 2017
Änderungen in Preis
und Lieferfähigkeit vorbehalten.

Überall, wo es Bücher gibt, oder unter
WWW.MOTORBUCH-VERSAND.DE
Service-Hotline: 0711/78 99 21 51

Motor buch Verlag